全球变化热门话题丛书

主　编　秦大河
副主编　丁一汇　毛耀顺

气候系统的演变及其预测

Qihou Xitong de Yanbian Jiqi Yuce

丁一汇　张锦　徐影　宋亚芳　编

气象出版社

图书在版编目(CIP)数据

气候系统的演变及其预测/丁一汇等编. —北京:气象出版社,2003.3 (2009.6 重印)

(全球变化热门话题/秦大河主编)

ISBN 978-7-5029-3545-0

Ⅰ.气… Ⅱ.丁… Ⅲ.①气候变化-普及读物②气候-预测-普及读物 Ⅳ.467-49

中国版本图书馆 CIP 数据核字(2003)第 015653 号

气象出版社出版

(北京市海淀区中关村南大街 46 号 邮编:100081)

总编室:010－68407112 发行部:010－68409198

网址 http://www.cmp.cma.gov.cn E-mail:qxcbs@263.net

责任编辑:郭彩丽 张 斌 终审:周诗健

封面设计:新视窗工作室 责任技编:都 平 责任校对:时 人

*

北京京科印刷有限公司印刷

气象出版社发行 全国各地新华书店经销

*

开本:889×1194 1/32 印张:4.625 插页:4 字数:110 千字

2003 年 3 月第一版 2009 年 6 月第四次印刷

印数:7601～10600 定价:16.00 元

序　　言

全球变化科学是从20世纪80年代发展起来的一个新兴的科学领域。其研究对象是气候系统(包括岩石圈、大气圈、水圈、冰冻圈和生物圈)、各子系统内部以及各子系统之间的相互作用。它的科学目标是描述和理解人类赖以生存的气候系统运行的机制、变化规律以及人类活动在其中所起的作用与影响,从而提高对未来环境变化及其对人类社会发展影响的预测和评估能力。近20年来,全球变化的研究方向经历了重大调整。首先是从认识气候系统基本规律的纯基础研究为主,发展到与人类社会可持续发展密切相关的一系列生存环境实际问题的研究;其次是从研究人类活动对环境变化的影响,扩展到研究人类如何适应和减缓全球环境的变化。全球变化的研究已经取得了重大的进展。

气候变化是全球变化研究的核心问题和重要内容。科学研究表明,近百年来,地球气候正经历一次以全球变暖为主要特征的显著变化。近50年的气候变暖主要是人类使用矿物燃料排放的大量二氧化碳等温室气体的增温效应造成的。现有的预测表明,未来50～100年全球的气候将继续向变暖的方向发展。这一增温对全球自然生态系统和各国社会经济已经产生并将继续产生重大而深刻的影响,使人类的生存和发展面临巨大挑战。

自工业革命(1750年)以来,大气中温室气体浓度明显增加。大气中二氧化碳的浓度目前已达到368 ppmv(百万分之一体积),这可能是过去42万年中的最高值。增强的温室效应使得自1860年有气象仪器观测记录以来,全球平均温度升高了0.6±0.2℃。

最暖的14个年份均出现在1983年以后。20世纪北半球温度的增幅可能是过去1 000年中最高的。降水分布也发生了变化。大陆地区尤其是中高纬地区降水增加，非洲等一些地区降水减少。有些地区极端天气气候事件（厄尔尼诺、干旱、洪涝、雷暴、冰雹、风暴、高温天气和沙尘暴等）的出现频率与强度增加。近百年我国气候也在变暖，气温上升了0.4～0.5℃，以冬季和西北、华北、东北最为明显。1985年以来，我国已连续出现了17个全国大范围暖冬。降水自20世纪50年代以后逐渐减少，华北地区出现了暖干化趋势。

对于未来100年的全球气候变化，国内外科学家也进行了预测。结果表明：(1)到2100年时，地球平均地表气温将比1990年上升1.4～5.8℃。这一增温值将是20世纪内增温值(0.6℃左右)的2～10倍，可能是近10 000年中增温最显著的速率。21世纪全球平均降水将会增加，北半球雪盖和海冰范围将进一步缩小。到2100年时，全球平均海平面将比1990年上升0.09～0.88 m。一些极端事件（如高温天气、强降水、热带气旋强风等）发生的频率会增加。(2)我国气候将继续变暖。到2020～2030年，全国平均气温将上升1.7℃；到2050年，全国平均气温将上升2.2℃。我国气候变暖的幅度由南向北增加。不少地区降水出现增加趋势，但华北和东北南部等一些地区将出现继续变干的趋势。

气候变化的影响是多尺度、全方位、多层次的，正面和负面影响并存，但它的负面影响更受关注。全球气候变暖对全球许多地区的自然生态系统已经产生了影响，如海平面升高、冰川退缩、湖泊水位下降、湖泊面积萎缩、冻土融化、河（湖）冰迟冻与早融、中高纬生长季节延长、动植物分布范围向极区和高海拔区延伸、某些动植物数量减少、一些植物开花期提前等等。自然生态系统由于适应能力有限，容易受到严重的、甚至不可恢复的破坏。正面临这种危险的系统包括：冰川、珊瑚礁岛、红树林、热带雨林、极地和高山生态系统、草原湿地、残余天然草地和海岸带生态系统等。随着气候变化频率和幅度的增加，遭受破坏的自然生态系统在数目上会有所增加，其地理范围也将增加。

气候变化对国民经济的影响可能以负面为主。农业可能是对气候变化反应最为敏感的部门之一。气候变化将使我国未来农业生产的不稳定性增加，产量波动大；农业生产布局和结构将出现变动；农业生产条件改变，农业成本和投资大幅度增加。气候变暖将导致地表径流、旱涝灾害频率和一些地区的水质等发生变化，特别是水资源供需矛盾将更为突出。对气候变化敏感的传染性疾病（如疟疾和登革热）的传播范围可能增加；与高温热浪天气有关的疾病和死亡率增加。气候变化将影响人类居住环境，尤其是江河流域和海岸带低地地区以及迅速发展的城镇，最直接的威胁是洪涝和山体滑坡。人类目前所面临的水和能源短缺、垃圾处理和交通等环境问题，也可能因高温、多雨而加剧。

由于全球增暖将导致地球气候系统的深刻变化，使人类与生态环境系统之间业已建立起来的相互适应关系受到显著影响和扰动，因此全球变化特别是气候变化问题得到各国政府与公众的极大关注。

1979 年的第一次世界气候大会（主要由科学家参加）宣言提出：如果大气中的二氧化碳含量今后仍像现在这样不断增加，则气温的上升到 20 世纪末将达到可测量的程度，到 21 世纪中叶将会出现显著的增温现象。1990 年 11 月，第二次世界气候大会（由科学家和部长参加）通过了《科学技术会议声明》和《部长宣言》，认为已有一些技术上可行、经济上有效的方法，可供各国减少二氧化碳的排放，并提出制定气候变化公约的问题。1991 年 2 月联合国组成气候公约谈判工作组，并于 1992 年 5 月完成了公约的谈判工作。1992 年 6 月联合国环境与发展大会期间，153 个国家和区域一体化组织正式签署了《联合国气候变化框架公约》。1994 年 3 月 21 日公约正式生效。截止到 2001 年 12 月共有 187 个国家和区域一体化组织成为缔约方。公约缔约方第一次大会于 1995 年 3 月在德国柏林召开。经过两年的艰苦谈判，1997 年 12 月在日本京都召开的公约第三次缔约方大会上通过了《京都议定书》，为发达国家规定了到 2008～2012 年的具体的温室气体减排义务。

1988 年 11 月世界气象组织和联合国环境规划署建立了“政府间气候变化专门委员会(IPCC)”，其主要任务是定期对气候变化科学知识的现状、气候变化对社会和经济的潜在影响，以及适应和减缓气候变化的可能对策进行评估，为各国政府和国际社会提供权威的科学信息。自成立以来，IPCC 已组织世界上数以千计的不同领域的科学家完成了三次评估报告及“综合报告”。目前，IPCC 正在准备编写第四次评估报告，将于 2007 年完成。此外，还组织编写了许多特别报告、技术报告。IPCC 组织编写的这些评估报告，作为制定气候变化政策和对策的科学依据提交给国际社会和各国政府。它不仅为各国政府部门制定气候变化对策提供了科学信息，而且也直接影响着《联合国气候变化框架公约》及《京都议定书》的实施进程，并在荒漠化、湿地等其他国际环境公约的活动中发挥着越来越大的作用。

全球气候变化问题，不仅是科学问题、环境问题，而且是能源问题、经济问题和政治问题。全球气候变化问题将给我国带来许多挑战、压力和机遇。

国际上要求我国减排温室气体的压力越来越大。目前我国二氧化碳排放量已位居世界第二，甲烷、氧化亚氮等温室气体的排放量也居世界前列。预测表明，到 2025～2030 年间，我国的二氧化碳排放总量很可能超过美国，居世界第一位；目前低于世界平均水平的我国人均二氧化碳排放量可能达到世界平均水平。由于技术和设备相对落后、陈旧，能源消费强度大，我国单位国内生产总值的温室气体排放量比较高。

我国减排温室气体的潜力受到能源结构、技术和资金的制约。煤是我国的主要能源，在我国一次能源消费中，煤炭约占 70%。受能源结构的制约，我国通过调整能源结构来减少二氧化碳排放量的潜力有限。如果近期就承担温室气体控制义务，我国的能源供应将受到制约。同时，因缺少相应的技术支撑，我国的经济发展将受到严重影响。因此，我国的能源结构和减排成本决定了我国不可能过早地承诺减排义务。在相当一段时期内，我国应坚持“节约能源、优化能源结构、提高能源利用效率”的能源政策，但是需要相当的技术和资金作为保证。目前发达国家希望通过“清洁发展机制(CDM)”项目，从发展中国家获得减排抵消额。这将为发展中国家获得新的投资和技术转让带来机遇。

我国党和政府对气候变化问题一直非常重视，早在1986年就成立了国家气候委员会，其职责是参加国际有关组织相应的活动，并在开展气候研究、预报、服务等工作中，负责对外的国际合作、交流，对内起到组织协调的作用，并与各有关部门共同协商、配合工作，充分发挥各有关单位的积极性，使气候科学更好地为国家建设服务。1995年成立了国家气候中心，专门从事气候监测、预测和评价等工作，为我国经济建设和社会发展提供了卓有成效的服务。目前，气候变化与生态环境问题已引起党和政府的高度关注。但是总体来看，迄今为止我国还未把适应与减缓气候变化影响的问题真正提上议事日程，这方面的研究仍十分薄弱和不足。由于全球气候变暖可能给我国自然生态系统和社会经济部门带来难以承受的、不可逆转的、持久的严重影响。因此，应对全球气候变暖的影响，趋利避害，应成为我国实施可持续发展时必须重视的问题之一。需要全面深入研究气候变化对我国自然生态系统和国民经济各部门的影响后果、可采取的适应与减缓措施，并在对其进行成本-效益分析的基础上，提出我国适应与减缓气候变化影响的规划和行动计划。

为了宣传和普及气候和气候变化方面的科学知识，提高公众在全球变化问题上的科学认识，我们组织编撰出版这套《全球变化热门话题》丛书。本套丛书一共18册，由国内相关领域的知名专家撰稿，内容包括以下三方面：一是以大量监测数据为基础，揭示全球变化的若干事实及其在各个分系统中的表现形式；二是以太阳辐射、大气化学、大气物理、环境和生态演变等多学科交叉理论为基础，深入浅出地阐述气候变化的成因；三是以可持续发展理论为指导，提出人类适应和减缓全球变化的各种对策、途径和方法。该丛书的出版，旨在使人们对全球变化有清醒而全面的科学认识，从而更加关注全球变化，并且在更高的层次上、更广泛的范围内认识我国在全球变化中的地位和作用，自觉参与人类社会的共同决策，保护人类赖以生存的地球环境。

国家气候委员会主任
中国气象局局长 秦大河

2003年3月23日

目　录

第一章

什么是地球的气候系统？

气候学观念的演变

在说明地球的气候系统之前，首先简明地介绍一下与气候有关的一些基本概念及其演变的历史是十分有益的。

气候不同于天气。天气是指短时间（几分钟到几天）发生的气象现象，如雷雨、冰雹、台风、寒潮、大风等。它们常常在短时间内造成集中的、强烈的影响和灾害。气候是指某一长时期内（月、季、年、数年到数百年或更长）气象要素（如温度、降水、风、日照和辐射等）和天气过程的平均或统计状况，主要反映某一地区冷暖干湿等基本特征，通常由某一时期的平均值和距此平均值的离差值（气象上称距平值）表征。公众日常关心的是每天的天气如何，近期有什么重大天气变化，但不少社会-经济活动的决策者和经济计划的制定者，为合理安排各种活动，以求趋利避害，更关心气候状况，特别是未来的气候变化。研究气候的特征、形成和变化的学科是气候学，它是大气科学的一个重要分支。气候学依据它的发展有狭义的、经典的和广义的定义之分。前者通常被定义为平均天气或在某一长时期内的平均天气状态，更严格的是用这一长时期内对有关变量的平均值或变率从统计上来表征气候。广义的气候学定义指气候系统的状态及其变化，包括平均气候状态和气候变化与变率(climate change and variability)。由以上定义可见，随着科学的发展，气候从一个局地的、低层大气特征的概念已转变为全球气候系统的概念。气候学的研究对象也当然地扩展为全球气候系统。

从 19 世纪初到 20 世纪中期大约一个半世纪，气候学得到全面的发展(王绍武、丁一汇，2003)。主要内容有：

- 气候型与气候分类；
- 气候成因的物理分析(热平衡、水分平衡与循环和下垫面条件等)；
- 大气环流与天气气候学；
- 大气活动中心与世界三大涛动；
- 区域气候学；
- 气候制图学；
- 区域气候学与地方气候志；
- 气候变迁与气候变化。

这个时期的气候学可以称为经典气候学或传统气候学。

中国的气候学研究始于 20 世纪，其中 1950 年以后发展很快，重点是季风、气候变迁、气候区划、气候志与气候预测(长期预报)，在不少方面都做出了系统的研究成果。

气候学的研究在 20 世纪最后 20～30 年发生了巨大的变革，这主要是由于 20 世纪后半期经典气候学受到了挑战(王绍武、丁一汇，2003)。最早受到挑战的是气候平均值(climate normal)的概念，normal 有标准的意思，具体说：如果取 30 年平均值，则可以得到一个对当地气候有代表性的数值。当然这也就排除了标准值变化的可能性。后来人们逐渐认识到气候有时间以万年计的冰期、间冰期旋回，也有几千年、几百年，乃至几十年的变化。不同时间尺度的气候变率得到了公认。这时人们还是把30年平均作为平均值，不过已经不再把它看成一个一成不变的值，而是一个评价当前气候的标准。另一个受到挑战的是“气候”的基本概念。20世纪70年代以来全球气候系统的概念代替了经典的“气候”概念。也许人们还是应用气候这个名词，但想到的是全球气候系统，而不只是某一个地区的温、湿、压、风，即气温、降水量、气压与风向风速。与之相联系，对气候形成的物理因子，人们认识到也不仅限于太阳辐射、海陆分布与大气环流。例如人类活动造成的大气中温室气体浓度变化对气候的影响，就是近几十年气候研究的中心问题。又如20世纪末人们发现深海中的热盐环流(thermohaline circulation)改变，可能是气候突变的重要成因之一。这些都是对经典气候学概念的突破。因而传统的气候学逐渐转变为以复杂的气候系统为对象、主要研究气候变化和变率的学科。概括起来，这种转变有以下基本特征：

- 统计平均的传统观念转变为以气候变化和变异为主的现代气候学概念。
- 从单一的大气圈扩展到气候系统五个圈层以及包括人类活动的影响；涉及到多学科、多部门的交叉和相互渗透。研究的内容不仅限于气候的物理过程，而且与化学过程、生物过程密切相联。
- 在外界的强迫作用下，由气候系统决定的气候平均态是可以发生变化的，甚至在某些条件下其变化是以突变(非线性)和不可逆的状态出现。现代气候学理论已经初步具有解释和预测这种气候突变的能力。
- 气候变化具有全球性，区域气候变化与全球气候变化密切相关联。
- 气候模式广泛应用于现代气候系统变化的模拟研究和预测。

- 气候观测不再只限于地面和高空观测，而是广泛应用各种卫星技术，对全球进行遥感观测。以气象卫星为主要观测工具之一，建立了全球气候观测系统(GCOS)。

目前，气候学正以崭新的面貌行进在21世纪。现代气候学的研究对象是全球气候系统的演变，当前集中研究下列7个方面的问题：

- 不同时间尺度的气候变率；
- 海洋在气候中的作用；
- 能量和水分循环对气候变化的作用；
- 冰雪圈对气候的影响；
- 平流层在气候变化中的作用；
- 人类活动对气候变化的影响，尤其是温室气体排放对气候的影响；
- 气候预测，尤其是季节预测和年际预测，以及未来50～100年气候变化趋势的预测。

在上述研究中，世界气候计划(WCP)，尤其是世界气候研究计划(WCRP)、全球变化计划(IGBP)、国际人类活动计划(IHDP)和政府间气候变化专门委员会(IPCC)起着关键性的作用。

气候变化

气候变化是指气候平均状态和离差(距平)两者中的一个或两个一起出现了统计意义上显著的变化。离差值增大，表明气候变化的幅度越大，气候状态不稳定性增加，气候变化敏感性也增大。图1.1以温度为例说明气候变化与平均值变化或离差值变化的关系。如图所示，假定某一地区或地点的温度多年平均条件下呈正态分布，则该地区的天气在平均温度处出现的概率最大，偏冷和偏热的天气出现的概率较小，极冷或极热的天气(一般在2倍标准差σ以上)出现的可能性很小或没有。假如由于气候变暖的作用，平均

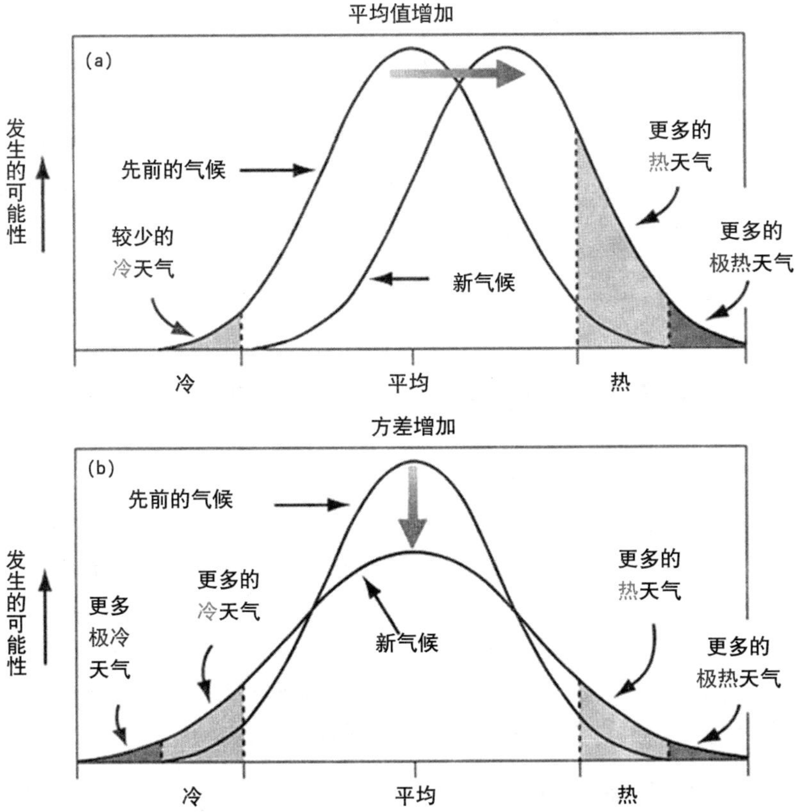

图 1.1 气候变化与气候平均值(a)和变化幅度(b)变化之间的关系
（横坐标代表温度，纵坐标代表出现概率）
（取自 IPCC，2001）

值增加了某一数值（见水平箭头向右移动），这时偏热天气出现的概率将明显增加，并且原来从不出现的极热天气现在也可以出现了（见图 1.1(a)的最右端，现在也具有一定的概率值，虽然很小）；相反，偏冷天气出现的概率将大大减少。图 1.1(b)则说明平均值不变，但离差增加后，会造成更多的偏冷或偏热天气，以及更多的极热或极冷天气。可以看到，这几类天气的出现概率都比先前气候条件下的出现概率增大了。图 1.1 不但说明了气候变化可以由气候平均值或离差的变化引起，而且也清楚地说明了气候变化与极端天气事件出现的关系。

是什么原因引起了气候变化？简单地说，气候变化是由气候系统的变化引起的。但要深入理解这个问题，需要知道更多的知识，所以在说明这个问题之前(见第三章)，必须先介绍一下什么是气候系统，以及气候系统的各部分之间是怎样相互作用并影响气候变化的。

气候系统的构成及其对气候变化的作用

全球气候系统指的是一个由大气圈、水圈、冰冻圈、岩石圈(陆面)和生物圈组成的高度复杂的系统，这些圈层之间发生着明显的相互作用(图 1.2，见彩图)。在这个系统自身的动力学作用和系统外部的强迫作用下(如火山爆发、太阳变化、人类活动引起的大气成分的变化和土地利用的变化)，气候系统不断地随时间演变(渐变与突变)，而且具有不同时空尺度的气候变化与变率(月、季节、年际、年代际、百年尺度等气候变率与振荡)。

气候系统的构成

气候系统是地球系统(该系统还包括人类与生命系统、社会-经济方面等)的主要部分之一。它是一个完整的、相互关联的具有复杂代谢和自身调节机制的系统。它的生物过程与物理和化学过程强烈地相互作用，以此构成复杂的地球生命支持系统。因而我们不但需要分别研究系统中各个部分的特征与循环，而且必须研究整个系统的集成行为及各分系统的相互作用。这就需要打破传统学科的观念，研究各学科边界之间的交叉科学问题。

大气圈　大气圈是气候系统中最不稳定、变化最快的部分。大气圈不但受到其他四个圈层的直接作用与影响，而且与人类活动有最密切的关系。人类主要生活在大气圈中，因而大气圈的状态和变化直接影响着人类的生存条件和各种活动。气候系统中其他圈层变化产生的最后影响结果都会反映在大气圈中。因而大气圈是气候系统的中心。

大气圈从地表到 12～16 km 的部分称对流层，这是人类活动最集中，也是最剧烈的大气层（图 1.3，见彩图）。对流层以上到 50 km 左右是平流层，这里主要是臭氧层存在的地方。目前和未来的超音速飞机将主要在对流层中、下层飞行，它们的排放和形成的飞机尾迹也会影响地球上的气候（IPCC，2001）。因火山爆发而喷射到平流层中的尘埃和气溶胶也能影响地球的气候。平流层之上是中间层和电离层以及外层空间。在气候系统中主要把它们处理作大气顶部，一般它们并不是直接地而是通过辐射过程来影响地球系统和气候。大气圈主要通过其中大气成分及辐射收支的变化来影响地球的气候。

首先我们看大气圈中大气成分的变化。大气由各种气体、水汽，以及固、液态质点（气溶胶）、云等组成。在气体中氮（N_2）占 78.1%（体积混合比），氧（O_2）占 20.9%，氩（Ar）占 0.93%（表 1.1）。但这些气体是所谓惰性气体，一般来说，它们与入射的太阳辐射相互作用甚小，与地球发射的红外长波辐射不相互作用，也就是说，他们既不吸收也不发射热辐射。对地球气候有重大影响的是大气中的许多痕量气体，如二氧化碳（CO_2）、甲烷（CH_4）、氧化亚氮（N_2O）和臭氧（O_3）。虽然这些气体只占大气总体积混合比的 0.1%以下（表 1.1），但由于它们吸收和发射辐射，因而在地球能量收支中起着基本的作用。所以这些气体又称温室气体。大气中的水汽（H_2O）也是一种自然的温室气体，并且是最强的温室气体；由于它可以通过相变转化成水滴、云滴与冰晶，因而对地球气候的变化影响很大，其体积混合比随时间和地点变化甚大，一般约占大气总体积混合比的 1%左右。臭氧（O_3）在地球的能量收支中也起着重要作用。大气圈下层（对流层和平流层下部）的 O_3 是一种温室气体，而平流层中上层的O_3浓度很高，形成了自然的臭氧层，它吸收太阳紫外辐射，在平流层的辐射平衡中起着重要作用。大气中悬浮的固、液态质点(气溶胶)和云以极其复杂的方式与入射太阳辐射和射出长波辐射相互作用，从而影响地球的气候变化，这些作用近年来日益引起人们的关注。

表 1.1　清洁干空气在海平面附近的标准成分

(取自 Houghton，2001)

气　　　体	体　积　混　合　比
氮(N_2)	0.780 83
氧(O_2)	0.209 47
氩(Ar)	0.009 34
二氧化碳(CO_2)	0.000 37
氖(Ne)	18.2×10^{-6}
氦(He)	5.2×10^{-6}
氪(Kr)	1.1×10^{-6}
氙(Xe)	0.1×10^{-6}
氢(H_2)	0.5×10^{-6}
甲烷(CH_4)	1.8×10^{-6}
氧化亚氮(N_2O)	0.3×10^{-6}
一氧化碳(CO)	0.1×10^{-6}

应该指出，近年来全球气候变化之所以引起各国政府、科学界和公众的广泛关注，主要是由于人类活动正在改变着大气成分，即大气中温室气体含量不断增加，对流层气溶胶含量不断增加和平流层O_3不断减少(臭氧洞或平流层臭氧耗损)。上述大气圈成分的变化对地球的辐射收支有不同的作用。温室气体通过拦截一部分射出长波辐射而使气候变暖。大气气溶胶可把一部分太阳辐射散射向太空而引起地面冷却，但如果是黑碳气溶胶，则它们又可吸收太阳短波辐射而使地表与大气增暖(直接作用)；另外气溶胶也可作为一种凝结核而形成云滴，以此再影响辐射收支(即间接作

用)。为了表征辐射收支的变化对气候状态的影响,在气候变化研究中,经常使用辐射强迫一词,它是指由气候系统的内部变化或外部强迫变化,如CO_2浓度变化或太阳辐射变化而引起的对流层顶净垂直辐射量的变化,以瓦·米$^{-2}$(W·m^{-2})表示。通常计算辐射强迫时首先要将平流层温度调整到辐射平衡,并且假设所有的对流层属性固定在它们的未扰动数值。辐射强迫不仅由人类活动引起的变化产生,而且可由太阳辐射与火山爆发释放的气溶胶分布造成的自然变化产生。它们代表了气候系统主要的自然的与人为的强迫,正是这些强迫驱动了气候系统中各圈层的响应。但强迫与响应依纬度和地区而有不同,这使气候变化问题大大复杂化了。例如,由火山爆发喷射的气溶胶在北半球冬季的平流层可造成增暖,一般低纬比高纬明显,这种南北加热的差异,造成了更大的强迫——极地温差,从而使纬向风增加、极地涡旋加强。以后,加强的极地涡旋可以影响在对流层垂直传播的行星波,并进而影响对流层环流和改变地表气温。因而与气溶胶有关的辐射影响可不同于高纬其他类型强迫引起的辐射影响。

水圈及其循环 水圈由所有的液态地表水和地下水组成,既包括淡水(如江河、湖以及岩层中的水),也包括海洋的咸水。这些水都通过复杂的水圈相互联系在一起(图1.4)。海洋和陆面的水通过蒸发或蒸散,以水汽的形式进入大气中,尤其是海洋中,大量的水汽被大气环流输送到陆地上空,在那里形成云、雨。降水的一部分又以地表径流(主要是在河流中)的形式流入海洋,影响着海洋的盐分和环流;另一部分渗入地下变成地下径流和地下水,前者又可回流到海洋,后者则储存于地下补充那里不断被开采的地下水量。上述水圈循环周而复始,为地球的各种系统提供必需的水源。

在水圈中,对气候影响最大的是海洋。海洋占地球面积的70%左右,它一方面可以储存和输送大量的能量,同时还可以溶解和储存大量的CO_2,是全球碳循环中非常重要的部分。根据最近的

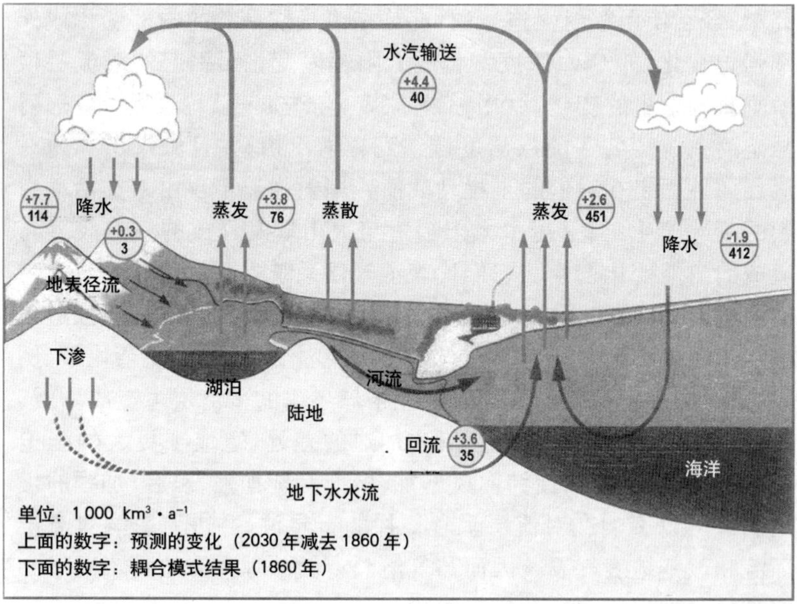

图 1.4　气候系统中水圈的组成

（引自 Bengtsson 等，1999）

估计，海洋每年可以吸收 17 亿tC，占矿物燃料燃烧和工业生产排放总量的 27%。海洋环流比大气环流要慢得多，它是由盐分与温度梯度产生的密度差（即热盐环流）驱动的。海洋有很大的热惯性，这主要是由于海水的热容量很大，它一方面可以阻尼或减缓巨大的强温度变化，起到了地球气候调节器的作用，另一方面，它又有较长的记忆力（尤其是在热带海洋），可以在长时期内通过海气相互作用影响大气的变化，成为自然气候变率的源。这就是为什么在目前设计的各种复杂的气候模式与碳循环模式中必须把海洋包括在内。在赤道东太平洋中发生的厄尔尼诺（El Nino）和拉尼娜（La Nina）现象（即该区域海表温度迅速升高或减少的现象）是由海洋产生的最显著的自然变率，它已成为目前各国进行年际预报和季节预报的最重要的气候强信号。它们对全球的气候异常会产生深刻而广泛的影响。

岩石圈和陆面过程 岩石圈是指固体地球的上层部分，既包括陆地，也包括海洋。它由所有地壳表层岩石和上地幔中的低温弹性部分组成(王建等，2002)。火山活动虽然是岩石圈的一部分，但不包含在气候系统之中，而是作为一种自然的外强迫因子影响地球的气候。岩石圈与气候变化最密切相关的部分是陆面的植被与土壤以及相关联的陆面过程。它们控制着从太阳接收到的能量中又有多少返回到大气中。其中有些是以长波辐射的形式回到大气中，并随着陆面增暖可使大气加热；有些是通过土壤或植物的叶子蒸发或蒸散水分，因为土壤水分蒸发时需要能量或吸收热量，因而土壤水分或湿度对地表温度有强烈的影响。

陆面的结构或其粗糙度在风吹过陆面的时候也可从动力学上影响大气。粗糙度一般决定于地形和植被条件。风也把沙尘从地表吹到大气中去，从而影响区域大气辐射收支。沙尘暴的发生就是一个最明显的例子。植被可以通过许多方式影响气候。不同景观的陆面到底能吸收多少太阳辐射，实际上主要取决于植被的状况。例如沙漠比植被覆盖区反射更多的太阳辐射。在植被区中，草地比森林又可反射更多的辐射。当太阳辐射入射角较低时(如在高纬的冬季)，植被对反照率的影响会增大。当积雪覆盖地面时，反照率也会增大。森林是雪上的一种光吸收层，而裸露的地面和草则不是。有人曾用气候模式研究过 45°N 以北的森林被毁以后的气候变化，发现在这种毁林试验中，中高纬的纬向平均温度一般比森林存在时低了 10℃。植被可以减少地面反照率，使高纬地区变暖，并延缓海冰形成，以后又进一步减少反照率，使温度增加。

土壤和植被对气候的另一个作用是吸收和产生温室气体(如 CO_2，CH_4，N_2O)，以此影响大气的红外辐射收支。植被可放出能进行化学反应的有机气体，以后通过大气中的反应产生对流层臭氧，后者是一种温室气体。大气低层发生的光化过程也可使植物放出的碳氢化合物形成小颗粒。这些颗粒可散射光线,形成微蓝色的霾,它会降低大气层对太阳辐射的透过率。植被覆盖可影响土壤和矿物尘埃飞入大气的量,它们也能影响光的散射。植物也在一定程度上控制着陆面的水文循环(图 1.5)(这是通过蒸散来实现的)。植物的叶子在光合作用时开启它们的气孔,使其失去水汽,但吸入 CO_2。大约陆地上 1/3 的降水是由植物再循环的水汽供应。有关亚马孙河流域的模式试验表明,植被在维持区域的水文状况中起着重要作用。毁林造成了降水的显著减少和温度与蒸发的增加。土壤的重要作用之一是储存水分,并因此影响水分从陆面蒸发的时间。因而植物通过它们对土壤湿度的间接作用影响地面温度。蒸

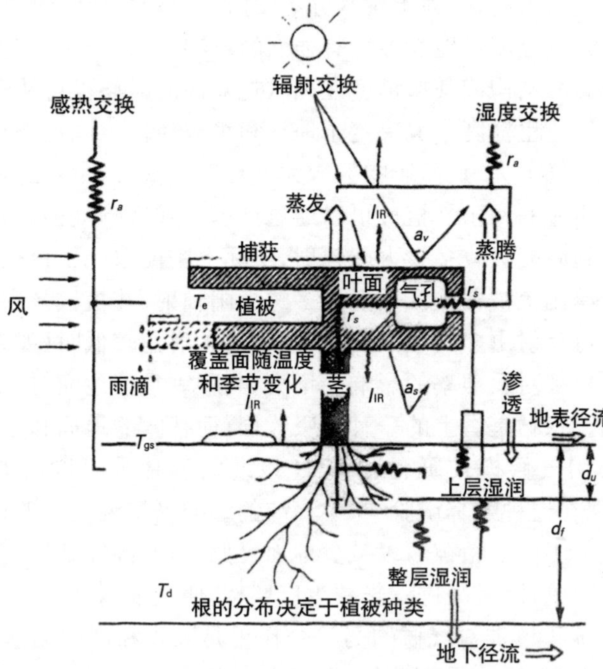

图 1.5 气候系统中的陆面过程
(取自 BATS 模式)

散也改变地表感热与潜热通量间的平衡，而引起局地的地表冷却。当植物受到水分胁迫时，它的气孔关闭以减少蒸散，保存水分，以此使周围空气增暖。

生物圈 生物圈包括陆地和海洋以及所有的生态系统和生物。通过生物圈的生物过程与物理和化学过程的强烈相互作用可以产生维持地球上生命系统赖以生存的环境。生物圈对大气成分有重要影响，例如生物过程通过海洋大量吸收 CO_2 并以此控制着长期的大气 CO_2 浓度、通过植物-浮游生物的光合作用减少海洋表层的 CO_2 含量，以此使大气中更多的 CO_2 溶解于海洋中。在海洋上层植物-浮游生物吸收的大约 25%的碳又沉入海洋内部，在那里它不再与大气接触，储存于深海达几百或几千年，这种所谓的生物泵与上述 CO_2 的溶解过程控制着海气的 CO_2 交换分布型。因而生物圈在碳循环中起着中心作用。陆地生物群也是气候系统中的一个重要部分，其功能很多。例如陆地植被类型影响蒸发到大气的水分以及太阳辐射的吸收或反射。植被根部的状况与活动也对碳与水的储存以及陆气通量有重要作用。叶面指数是描述植物群冠作用的一个重要指数，它与全球和区域气候变化有密切的关联（也参看图 1.5）。陆地生态系统的生物多样性影响着关键生态系统过程的量级（如生产力），对生态系统的长期稳定性有重要作用。

冰冻圈 冰冻圈包括大陆冰川、雪区、海冰和冻土以及格陵兰和南极的冰原，也常称为冰雪圈。目前，冰川覆盖了全球地表约 3%的面积，储存了 75%的非海洋水（淡水）。海冰面积占冰冻圈面积的 7%，永久冻土占陆面面积的 20%～25%。冰冻圈对气候系统之所以重要是由于它对太阳辐射有较高的反射率（反照率）、低的热传导率、大的热惯性，以及在驱动深海环流中的关键作用。它能影响地表能量与水汽通量、云、降水、水文循环以及大气与海洋环流，但最明显的影响是对海平面高度的影响。因为冰原储存了大量的水，其体积变化可引起海平面上升。如果包含近 90%世界冰川冰的南极冰原全部融化，那么全球海平面将可能升高 70 m。如果只是南极冰原西部融化（这是很可能发生的，2002 年 3 月已有其中的拉森-B 冰架断裂与融化），也足以使海平面上升 6 m 左右。因而冰川的质量平衡代表了对海平面的一种直接影响。目前冰川对海平面变化最直接的作用是通过高山冰川的融化与冰架边缘地区的融化实现的。据估计，近百年海平面上升的约一半高度是冰川融化的结果。在有些国家，冰川融水直接为许多河流提供水源，以满足该地区工业、农业、能源等的需要。在这种情况下，冰川实际上是一种天然的水库，冬季储存水，夏季以增加径流的方式把它释放出来。通过质量平衡的测量可以估算有多少水能够被储存和释放，以及逐年的变化有多大，这对水资源管理部门在计划和分配用水方面十分有帮助。冰冻圈对大气环流的影响主要表现在其对主要气候型或大气活动中心的影响上（如 PNA（太平洋-北美型）和 NAO 型（北大西洋涛动型））（图 1.6，见彩图）。这些气候型中的低压系统部分（如 PNA 中的阿留申低压，NAO 中的冰岛低压）扩展到极区，即到达冰冻圈的主要中心区，因而它们深受冰雪分布的影响，在强度和范围上变化明显。这种低压系统一旦发生变化，整个气候型就将变化，以后通过遥相关关系把这种极区的影响向其他地区扩展，造成大范围大气环流的变化。因而极区冰雪覆盖的变化是气候学家用来制作不同时间尺度气候预测的重要因子。另外，由季节冰雪覆盖产生的能量与水循环的滞后作用、存储于冰架和冰川中的水体，以及封存在冻土中的温室气体（如甲烷）也是冰冻圈对气候产生作用的重要因素。正是通过这些因子及相关的反馈过程，冰冻圈在全球气候及气候模式中起着重要作用。

PNA 型表明，一旦赤道东太平洋的海温升高（例如发生厄尔尼诺），则该地区低气压发展，上升气流和降水增多。以后这种影响沿大圆路径传播，使夏威夷地区的副热带高压加强、阿留申低压加深（位于极区）、阿拉斯加和北美西岸高压加强，以及北美东部大槽加深。NAO 型表明，亚速尔高压和冰岛低压的强度发生着振荡，前者强时，后者也加强（气压降低），这时两者之间的西风环流加强，从而影响着上下游的天气气候，如亚速尔高压减弱，低压也减弱。其间西风减弱，两者呈现出跷跷板式的振荡（取自 National Research Council，1998）

气候系统各圈层的相互作用

气候系统的各圈层不是独立存在的，它们之间发生着明显的相互作用，这种相互作用不但有物理的、化学的和生物的，还具有不同的时间与空间尺度。从而使气候系统成为一个非常复杂的系统。如前所述，气候系统的各圈层虽然在组成、物理与化学特征、结构和状态上有明显的差别，但它们都是通过质量、热量和动量通量相互联系在一起，因而这些圈层是一个开放的相互联系的系统。在气候系统各圈层的相互作用中，最重要的是海气相互作用、陆气相互作用和陆海相互作用。

海气相互作用 海洋和大气强烈地耦合在一起，并通过感热输送、动量输送和蒸发过程交换热量、水汽和动量。热量和水汽是水文循环的一部分，可产生凝结，形成云、降水与径流，并为天气系统提供运动的能量。另一方面，降水对海洋的盐度及其分布和热盐环流有影响。大气与海洋也交换 CO_2，都是全球碳循环的重要部分。CO_2 在下沉到深海的极区冷水中溶解，在近赤道较暖的上升海水中释放，从而维持一种平衡。

虽然人类已认识到了海气相互作用的重要作用，并进行了长期的观测和研究，但还对许多重要的问题缺乏了解，更缺少定量的研究，特别是海气间的化学物理相互作用及反馈作用（图 1.7，SOLAS 图，见彩图），而且对于这些相互作用是怎样影响气候系统或被气候所影响的问题也不是很清楚。另外值得研究的问题还包括：上层海洋的物理、化学与生物过程怎样影响海气通量以及气候状态？气候系统怎样影响海洋生态系统的结构与生产力？物质尤其是碳化合物是怎样输送或储存于深海中的？联系海洋与大陆边缘的关键物理、化学与生物过程又是什么?

陆气相互作用 陆气相互作用是气候系统中最基本的相互作用之一,包括冰冻圈中的积雪、冰川、冻土及岩石圈与大气的相互作用;也包括各种物质、热量、水汽输送与转换以及土地利用变化等。关键问题为:

- 陆气之间的水与能量交换如何改变地球上的气候与痕量气体的排放和沉降?
- 陆面大量的中小尺度过程如何一起影响大尺度天气过程?
- 人类引起的陆面覆盖变化在陆气界面过程以及整个气候系统中的作用是什么?
- 为人类提供食物与纤维的生态系统,怎样受到气候变化与人类利用的影响?

陆海相互作用 陆海相互作用中最关键的问题是海岸带地区的变化及跨边界输送问题,这包括:

- 跨陆海界面的物质输送及沿岸生态系统对气候变化的影响;
- 海岸带的加速变化对来自上游陆地地区的物质转移、过滤或储存的能力的影响;
- 气候系统的系统变化对海岸带特别是最脆弱地区的影响以及海气界面对加热场及大气环流的影响等。

除了上述三种相互作用之外,各圈层间的其他相互作用也值得注意。如海冰可阻碍大气与海洋之间的交换;生物圈通过光合作用与呼吸影响 CO_2 含量;生物圈通过蒸散影响水分向大气的输入;通过改变太阳辐射反射回太空的数量(反照率)影响大气的辐射平衡。总之相互作用的例子还可以列举出很多,所有这些都说明气候系统包含了非常复杂的物理、化学与生物过程与反馈作用。气候系统中任一圈层的任何变化,不论它是人为的或是自然的,内部的或是外强迫的,都会通过相互作用造成气候系统的变化或气候的变异。

第二章

过去和现在全球气候系统发生了什么变化？

怎样监测和测量气候系统的演变

在了解气候系统在过去和现在发生了什么变化之前，必须知道人们是怎样监测和测量出这些变化的（IPCC，2001；王绍武等，2001）。由于气候系统的变化一般是长期的和渐进的，并且变化的量值并不很大，因而必须知道这些观测和测量是否足够长和足够准确，以使其能够代表气候系统各部分的真实变化。比较系统而准确的观测和测量始于19世纪中叶，至今只有140年左右的历史，一般称之为仪器观测时代。要想了解更早时期气候的变化，则必须利用其他方法，如树木年轮、冰芯、花粉、湖泥、风尘、珊瑚、历史文献和记录等，重建过去几百年或几千年，甚至更长时期的气候变化记录。这些资料又称代用资料。

仪器观测资料

近代全球气候系统观测网(GCOS)的建立只是最近十几年的事,在过去100多年的时间中,实际上人们对全球气候的了解,主要依靠气象部门的世界天气监视网(WWW)。温室气体的直接测量开始得更晚,从1957年才开始,至今不到50年。另外,在近50年中,全球范围内进行了许多专门的大气、海洋、陆面、极区等外场试验,获得了大量特别的观测资料,它们也为了解气候变化的情况提供了重要的资料来源。卫星的出现为检测全球气候变化做出了重要贡献。它可以连续地对全球进行多种要素的观测(辐射、云、降水、温度、臭氧、冰雪区、植被,以及多种海洋要素等),但由于资料的时间较短,一般只有20～40年左右,所以其应用的范围受到一定限制。从全面了解气候系统的需求看,目前的观测存在三个方面的问题:

- 全球天气观测网主要是为满足天气预报的需求而设计的,因而重点是大气圈,其中又是大气圈中的一些主要气象要素(温、压、湿、风),并未或很少包括有关气候系统其他圈层的观测与测量。
- 由于观测台站与观测仪器的不断变革以及城市化的影响,在长时期观测到的气候变化记录中,包含有明显的多种系统误差。由于这些误差中有些可接近或达到气候变化的量值,因而必须采用各种方法来予以订正或清除。
- 观测的空间分布不均匀,例如海洋、高山、极区以及非洲、南美等地区测站比较稀少。卫星观测可以在一定程度上弥补这个缺陷。

由于世界天气监视网越来越不能满足气候变化监测和研究的需要,所以许多国际组织希望尽快建立业务化的全球气候观测系统(图2.1,GCOS观测系统)。这个系统不但包括现有的许多常规观测,而且引进了不少使用新技术的观测平台,使获得的资料更完整、准确、一致和多样。全球气候观测系统包括大气观测系统、海洋观测系统和陆地观测系统三个部分，它全面观测大气、海洋、陆地生态系统（海洋与陆地，自然的与管理的）、冰冻圈，以及它们之间的相互作用，以更深入地综合了解气候系统的物理、化学、生物特征及其演变。

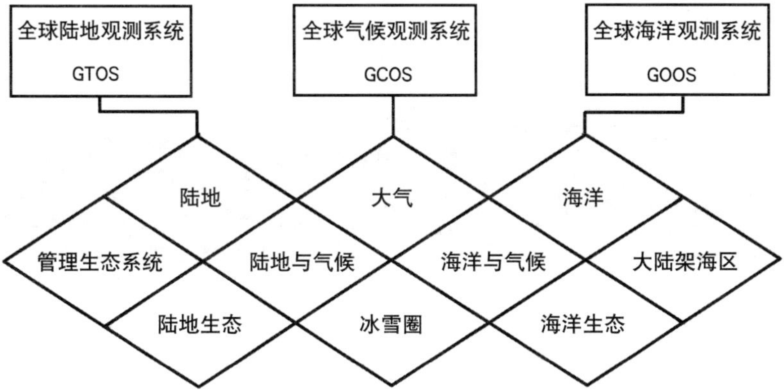

图 2.1　正在建设的全球气候观测系统(GCOS)

（取自 WMO/GCOS 计划和王绍武等，2001）

大气观测系统　大气观测系统主要由世界天气监视网和全球天气监测网(GAW)组成，历史最为悠久和完善。它包括大气成分、地面气象要素（气温、气压、湿度、风、降水等）、高空气象要素（气温、湿度与风）、云、辐射等。大气成分的测量主要包括温室气体、气溶胶、臭氧、污染物等。目前全球有 22 个测站进行这方面的测量。我国于 1994 年在青海省共和县瓦里关山地区建立了世界上第一个内陆高原地区的本底站（图 2.2），已取得了近十年有关温室气体、黑碳等宝贵的大气成分资料。

海洋观测系统　海洋观测系统包括海表、海表以下以及海气相互作用等方面的观测。对于海面，主要测量海表温度(SST)以及

图 2.2 青海瓦里关山本底站
(该站建于 1991 年,是世界上第一个内陆高原本底站)
(照片由中国气象科学研究院汤洁提供)

海面气温、海平面气压、风、海冰等。对于海洋上层,重点测量其温盐结构。目前是利用布置在热带太平洋地区的由 70 个锚定浮标组成的热带海洋大气浮标阵(TOGA-TAO)进行连续的监测。另外利用船载海水深度温度仪(XBT)也可以获得不同海域不同深度的海温。这主要依赖于全世界商用船只在航行中进行测量。目前对 XBT 资料已整编了 100 多年的资料集。值得提及的是目前已开始使用的新的 Argo 海洋浮筒探测仪来测量不同深度的温度与盐分,它的工作原理与大气中的无线电探空非常相似。预计未来几年内全世界将分布 3 000 个 Argo 海洋浮筒探测仪进行海洋观测,这将大大改善全球海洋观测现状。我国也实施了 Argo 浮筒观测计划,预计在 2002～2005 年将投放 100～150 个 Argo 浮筒探测器(图 2.3,Argo 分布图)。另外,利用浮标和卫星还可以得到海洋环流、海面高度等资料,以了解海洋热盐环流和海平面的变化。海洋

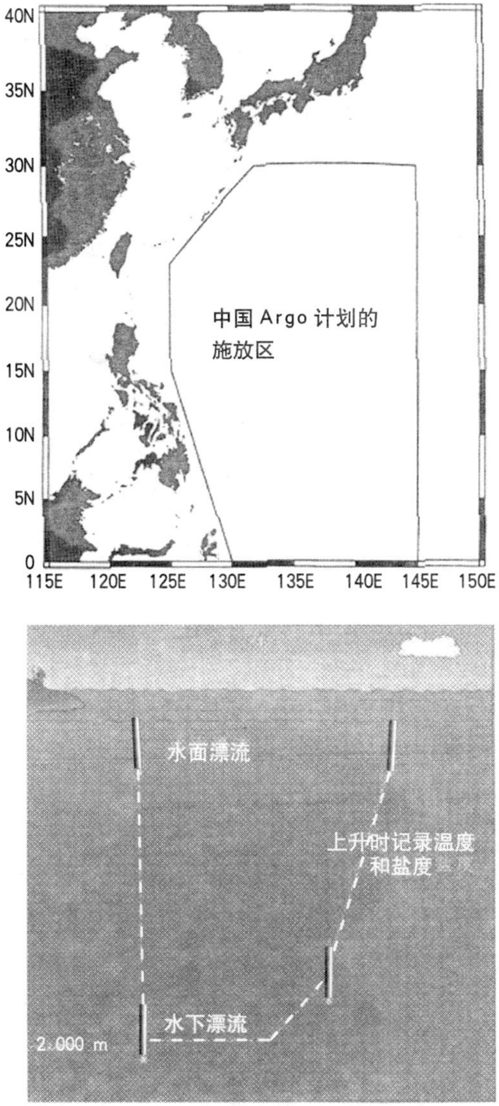

图 2.3 海洋 Argo 探测仪及其应用

（由国家海洋局许建平提供）

表面碳交换也正在通过卫星和船舶等方式进行测量。

陆地观测系统 陆地观测系统主要包括水圈、冰雪圈和生态系统的观测与测量。水圈的观测以降水、径流、地下水、蒸发、水资源等为主;冰雪圈的观测以冰、雪、冰川、湖泊、冻结与融化、冻土等观测为主。生态系统观测以植被、土地利用变化、陆面碳交换、初级生产力、火灾等观测为主。在上述观测中,遥感都起着重要作用。

代用资料

仪器观测时代以前的气候变化主要由各种代用资料推知,这是古气候研究的范围。顾名思义,代用资料不是直接测量反映气候变化的资料,它们是根据物理或生物物理原理提取一个地点与过去气候变化有关的信息,最后达到重建气候变化序列的目的。由于上述气候信息中常融有"噪声"以及所关注的气候信息可能会受到多种畸变,因而代用气候记录的解释一般比较复杂。这需要仔细的校准和交叉检验才能建立代用资料与气候变量之间的可靠关系。高分辨率的代用资料如树木年轮、珊瑚、冰芯和湖(海洋)层状沉积物可用于重建过去几年、百年或近千年时间尺度的气候变化,而分辨率较粗的代用资料如钻孔、冰川冰碛层和非层状海洋沉积物记录可用来辅助这种高分辨率资料。

树木年轮(IPCC,2001) 树木年轮记录可以精确地定年,一般准确到年,并且可以得到很好的校准与检验。利用树木年轮记录可以重建现在到过去几年、百年,甚至近千年的陆地地区的气候变化序列。最近有气候学家依据每年树木生长年轮的宽度或密度重建了几百年以来的暖季和年温度序列。过去由于树木年轮的采样都是单点的,所以目前正通过合作建立半球或全球树轮网络,以重建过去气候变化的空间分布,以及南方涛动指数(SO 指数,指南太平洋塔希提岛与澳大利亚达尔文港之间的气压差,它可反映厄尔尼诺事件的大范围影响)、北大西洋涛动指数(SOI)、南方涛动指数，以及仪器观测时代以前的降水与干旱型。

在使用树木年轮资料时要特别注意它的不确定性问题。首先是内在的取样误差。树轮只在陆地上可以采样，因而不能获得全球的资料。其次是在树轮的长期记录中必须除去非气候生长趋势，这是因为包含在树轮密度或宽度中的气候信息反映了树木对气候强迫的复杂的生物响应。因而在这种记录中，难以分辨出比各组成部分的记录长度更长的时间尺度。另外，对气候强迫的生物响应可随时间而变化，如在最近几十年期间，高纬度树木年轮密度的变化对温度的响应发生了变化，但也有人认为这种变化实际上是气候造成的，即由冬季降水增加对生长季开始日期的影响造成的。CO_2 施肥效应对高海拔和干旱敏感的树种也有影响。由于上述原因，气候学家认为树木年轮资料必须辅之以其他类型的代用资料，以形成所谓对过去气候变化的多代用资料综合估计方法。

珊瑚　这种资料可提供热带和副热带海洋与大气的过去变化，分辨的时间尺度可达到年或季节。因而对于补充陆地古气候资料是十分关键的。尤其是海洋对ENSO（厄尔尼诺事件(El Nino)与南方涛动(SO)的合称，表示海洋与大气对厄尔尼诺事件的综合响应）敏感的地区可以据此提供该地区的气候变化信息。珊瑚一般在热带较浅的海水中生长几百年的时间。根据其残骸密度和地球化学参数的年变化，有可能测定其准确的年龄，并依据示踪元素或稳定同位素的时间变化等重建古气候变化序列。

冰芯　极区（如格陵兰北部、加拿大、北大西洋和北冰洋诸岛、南极）与高山、热带、副热带地区的冰芯可以提供丰富的气候变化信息。这包括稳定同位素（如^{18}O）、融冰部分、降水累积率、各种盐与酸类的含量、尘粉与示踪气体（CH_4 和 CO_2）等。由南极的高分辨冰芯序列可以重建过去千年的气候变化。冰芯资料的长处是分辨率高，可达到季或年时间尺度，并且可提供多种与气候变化有关的变量。其弱点是有明显的地区性取样偏差（多在高海拔或高纬地区），以及融水和降水累积资料不易准确定年。

湖泊与海洋沉积物 湖泥可以提供高分辨率的古环境信息，其分辨率可达到年际时间尺度。记录的长度可达几百年和几千年。湖泥沉积物形成于生物过程或无机物沉积过程。两者均受气候变化的影响。影响湖泥的有三个主要气候变量——夏季温度、冬季降雪和降水。由夏季温度控制的湖泥能用来推断过去高纬的夏季温度变化，而受后两个变量控制的湖泥能用来估计过去的干旱与降水型。海洋沉积物也可用于重建高分辨率的气候变化，像湖泥一样，它在气候重建中包含有同位素和其他信息。

钻孔测量 这种测量是把温度随深度的剖面与地面温度变化的演变联系起来，目前全球有 600 多个钻孔测量，但主要分布在北美与欧洲，其他地区很少。钻孔温度剖面深度从 200 m 到 1 000 m，大致代表几百年到千年的古温度序列。这种代用资料的关键是把钻孔得到的温度剖面与地面温度变化关联起来。它在重建过去几百年的气候变化中最为有用，但应注意到，不少与温度无关的因子，如土地利用、自然的陆地覆盖变化、冬季积雪、土壤温度的长期变化等都会改变次表层的热力属性，从而影响地表气温重建的准确性。

历史文献 历史文献是过去气候的宝贵来源，但应用时应特别注意。因为文献中大多数记载是关于极端气候事件的，并且由于作者和年代不同，使用的文字、语言和表述方式不同，这些都会给定年带来困难。因而需要仔细校准和检验。欧洲与中国的历史文献记录都特别丰富。欧洲已经把历史文献记载与某些仪器记录组合在一起以延伸长期的气候记录。在中国，仪器观测的温度序列已与冰芯和树轮资料结合在一起延伸到过去 1 000 年的时期。另外中国还利用历史文献记录，编制了中国近 500 年的旱涝等级图以及中国降尘、极端气候事件的分布图等。这些对于研究区域气候有十分重要的参考价值。

山脉冰川冰碛层 冰川退缩后留下的冰碛层或尾迹，其位置可提供冰川进退的信息，但由于融化与冰积累局地变化间的复杂平衡和地形的作用，只根据山脉冰川的范围很难重建区域气候变化，所以也必须组合其他资料才能重建可靠的区域气候变化信息。

由上面的说明可见，各种代用资料都既有长处，也有不足，因而不少古气候学家试图把各种类型的高分辨率代用资料组合在一起，重建大尺度古气候序列和信息。由于进行了多次校准和交叉检验，这种多代用资料综合记录提高了资料的可靠性，并且可以在时间上和区域范围上都明显地延伸和扩大。其结果已被使用在 2001 年出版的 IPCC 第三次气候变化评估报告中，其中重建的北半球千年温度曲线得到了广泛的注意和引用。这将在后文作较详细的介绍。

近百年的气候变化

近百年气候变化的研究在最近 20 年受到了特别的关注，尤其是 IPCC 发表的 3 次气候变化评估报告。从多方面分析了近百年全球气候变化的情况，指出全球变暖是全球气候变化的中心内容。这个认识在世界政府与科学界已基本取得共识。但在 20 年前情况并不是如此。20 世纪 60 年代～80 年代上半期，受国际政治形势即冷战的影响，各国政府和科学界更关心核冬天对全球气候变化的影响，即由于核战争发生而导致的气候效应——全球将会变冷。但与此同时，很多科学家看到了气候变化的另一面，即人类活动产生的温室气体不断增加，由此产生的温室效应可以使地球的温度上升。因而，未来的地球不是变冷而是变暖。两种截然不同的观点争论了近一二十年，加之媒体有时对变冷或变暖的作用进行夸大或片面性的报道，结果使各国政府和科学界对气候变化的前景一度处于迷惑甚至混乱的状态。在这种情况下，为了全面地回答全球气候变化问题，澄清不同的观点与争论，以避免政府和国际组织应对气候变化的行动建立在个别科学家的观点之上，世界气象组织

(WMO)和联合国环境规划署(UNEP)在1988年11月建立了政府间气候变化专门委员会(IPCC),开始了全球气候变化的科学评估工作。2001年,IPCC完成了它的第三次评估报告,在综合国际上各方面研究结果的基础上对全球气候变化的基本事实给出了全面的评估意见。

全球气候变化

近百年来,地球气候正经历一次以全球气候变暖为主要特征的显著变化,这种变暖是由自然的气候波动和人类活动共同引起的。但最近50年的气候变化,很可能主要是人类活动造成的(IPCC,2001)。

温度变化 1860年有气象仪器观测记录以来,全球平均温度

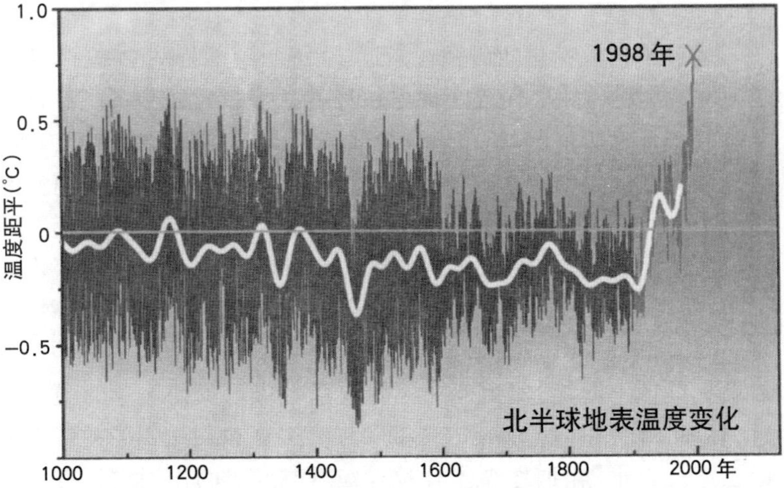

图2.4 过去1 000年北半球地表温度变化

(在约1850年以前温度是偏低的;以后则连续上升)

(取自IPCC,2001)

升高了 0.6±0.2℃。近百年来最暖的年份均出现在 1983 年以后。20 世纪的 90 年代是 20 世纪最暖的 10 年，而 1998 年和 2002 年分别是自 1861 年有仪器记录以来的最暖和第二最暖的年份。20 世纪北半球温度的增幅，可能是过去 1 000 年中最高的（图 2.4 和图 2.5）。1950～1993 年间，陆地平均夜间最低温度大约每 10 年增加了 0.2℃，是日平均最高温度增幅（每 10 年 0.1℃）的 2 倍。除温室气体的作用外，科学家们在许多地区观测到了云量的增加。由于增多的云量遮蔽了白天的日照，并减少了夜晚地球辐射散逸，使温度日较差变小。这使许多中高纬地区的非冰冻季节延长。这期间，海洋表层温度的增加大约为主要陆地的 1/2。全球冬季平均温度的增加是最明显的。在全球大部分地区，尤其是中高纬的大陆地区出现连续暖冬的趋势非常明显（图 2.6）。

全球地区之间、季节之间以及日与日之间的温度变化高达几十度，而十分之几度的全球平均温度变化是如何得出的呢？全世界不同国家的许多研究组的科学家们选用过去 140 年间具有一致性观测的那些气象台站在大部分时期内同一地点采集的观测资料，

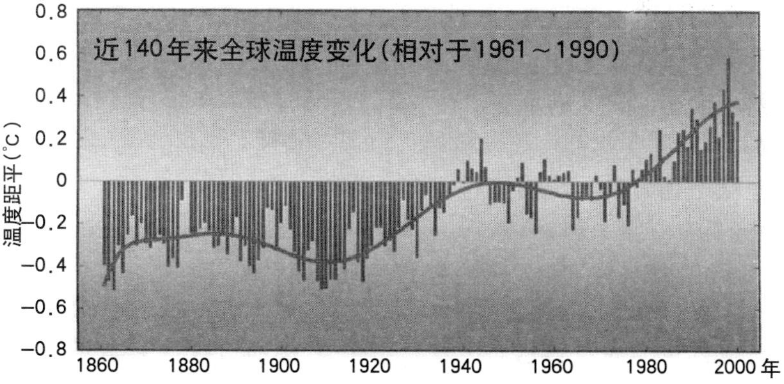

图 2.5　近 140 年全球平均温度变化

（取自 IPCC，2001）

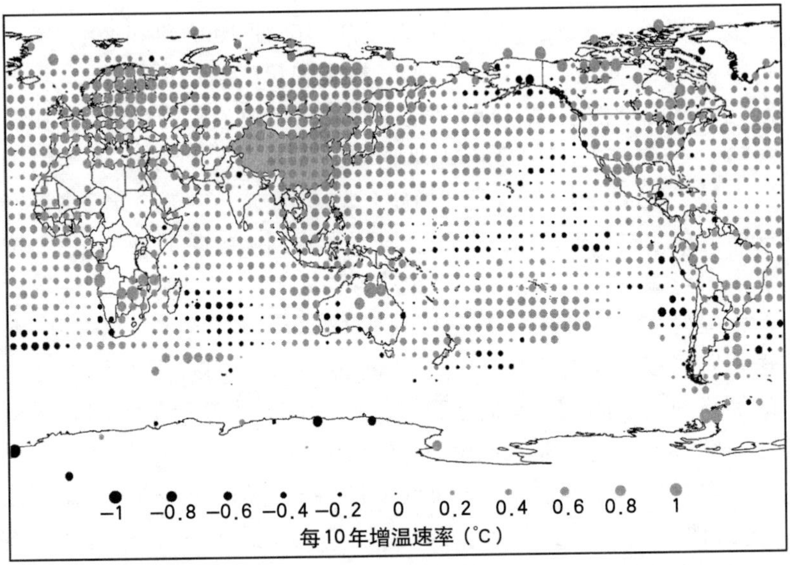

图 2.6　全球冬季温度变化趋势(1976～2000 年)
(取自 IPCC,2001)

用来估计陆面气温变化;同时采用同一时期的船舶观测资料来估计海面温度变化。由于获取资料的工具和方法不尽相同,科学家必须对上述两方面的资料进行认真的分析,然后对记录进行合理订正,使不同研究部门的分析结果取得一致性。最后,科学家们将陆地测站和船舶观测的资料放在一个正方形的网格中(例如 1°×1°(经度×纬度)网格),这样,全球平均值就通过每个网格的平均值(面积加权平均)得到了。

当科学家们对所有观测结果进行不同的选择时,他们注意到这些结果的变化趋势和形状是相同的,因而可以肯定观测到的气候变化是真实的。

最近 20 余年来,我们拥有了环绕地球的卫星观测。气象卫星上带有微波探测装置,可以对大气低层平均温度进行遥感观测。所有的卫星和探空观测都显示，全球低层大气的平均温度每十年的变化为＋0.05±0.10℃，但全球平均地表温度每十年增加了0.15±0.05℃，这一变率最初发生在热带和副热带地区，这是由于低层大气和陆地表面有着不同的影响因子，如平流层臭氧耗损、大气气溶胶、厄尔尼诺现象等。

降水分布变化　北半球大陆的大部分中高纬地区20世纪降水增加了5％～10％，热带(10°N～10°S)增加了2％～3％，而副热带(10°～30°N)减少了2％～3％(图2.7)。

北半球中高纬度地区在20世纪后半部，暴雨的频率增加了2％～4％。这可以由多种原因造成，即大气水汽、雷暴活动和大范围风暴活动的变化。

在20世纪(1900～1995年)，全球陆地地区严重旱涝面积有

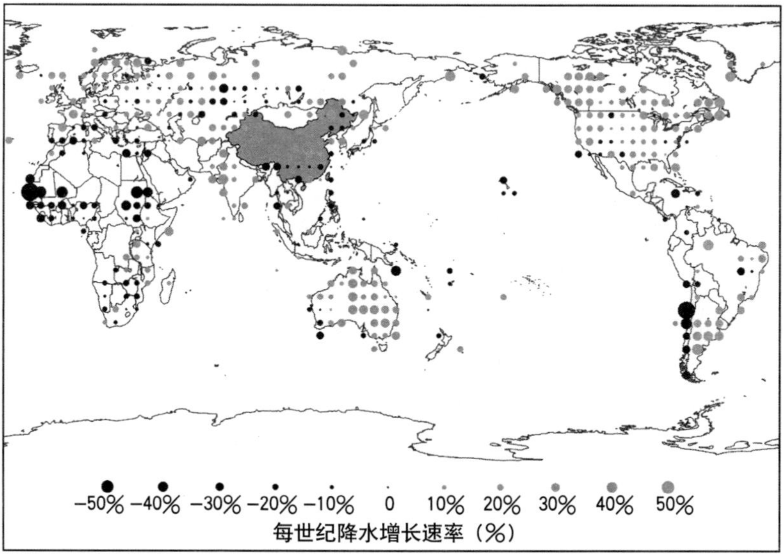

图2.7　全球年降水变化趋势(1900～1999年)
(取自IPCC,2001)

一定增加,在许多地区,这种增加是由年代际和数十年尺度的气候变率造成的,例如 ENSO 事件现正向更多的暖事件变化。

在某些地区,如亚洲和非洲部分地区,在最近几十年,干旱的频率和强度增加,这种增加可能与水圈循环的加速有关。

到 21 世纪中叶,降水在北半球中高纬和南极地区的冬季将继续增加。在低纬陆地地区,有增有减。在平均降水预报增加的大部分地区,降水的年际变率很可能增大。这可能导致强降水事件增多,夏季大陆干旱增加和干旱风险增加。

气候极端事件的变化 全球气候变暖后,天气和气候极端事件的出现频率也会随之发生变化。其原理在第一章中已作了说明(见图 1.1)。对于天气和气候极端事件,可分为中小尺度和大尺度两类。前者包括龙卷风、雷暴、雹暴、雷电、强风、暴雨、风暴潮、沙尘

表 2.1 20 世纪天气和气候极端事件的变化

(材料取自 IPCC,2001)

极端事件	观测到的变化
地表温度日较差	陆地从 1950 到 2000 年减少,夜间最低温度增加的速率比白天最高温度快 1 倍(可能)
热日/高温天气	增加(可能)
冷日/霜日	几乎所有陆地地区在 20 世纪出现减少现象(很可能)
大陆降水	北半球在 20 世纪增加 5%～10%(很可能),但在某些地区出现减少(如北非、西非以及地中海部分地区)
暴雨事件	北半球中高纬地区增加(可能)
干旱频率和强度	在一些地区,夏季变干和发生干旱事件的概率增加(可能)。在有些地区(亚洲与非洲部分地区)最近几十年观测到干旱频率和强度增加
雪盖	从 20 世纪 60 年代卫星观测以来,观测到全球积雪减少了 10%

注:IPCC 中用的信度估计方法为:完全肯定(90%以上的机会是真实的),很可能(90%～99%机会);可能(66%～90%机会);中等可能(33%～66%机会);不可能(10%～33%机会);很不可能(1%～10%机会)和特别不可能(小于 1%机会)。

暴等。这些极端天气事件持续时间虽短，但破坏力极强。大尺度天气和气候极端事件主要有热带气旋、中纬度风暴、季风、热浪、低温冷害、暴风雪、干旱、厄尔尼诺/拉尼娜等。这些极端事件往往可以在大范围地区持续几天、数月或几个季节，对广大地区甚至半球或全球的社会、经济与环境带来巨大影响。虽然由于观测资料严重不足，目前还无法确定 20 世纪气候极端值是否出现全球尺度一致的变化趋势，但在区域尺度上还是发现了一些重要的变化。

观测记录显示（见表 2.1），自 1950 年以来，极端最低气温的出现频率有所下降，因此标志寒冷事件的“霜冻日数”和“冰冻日数”减少；但极端最高气温的出现频率有所增加。观测记录还显示，北半球中高纬度地区降水量增加的地区，大雨和极端降水事件有增多趋势。20 世纪后半叶，北半球中高纬地区强降雨事件的出现频率可能增加了 2%～4%；而北半球中高纬度地区降水量减少的地区，大雨和极端降水事件有下降趋势。在亚洲和非洲的一些地区，近几十年来干旱与洪涝的发生频率增高、强度增强。分析表明，

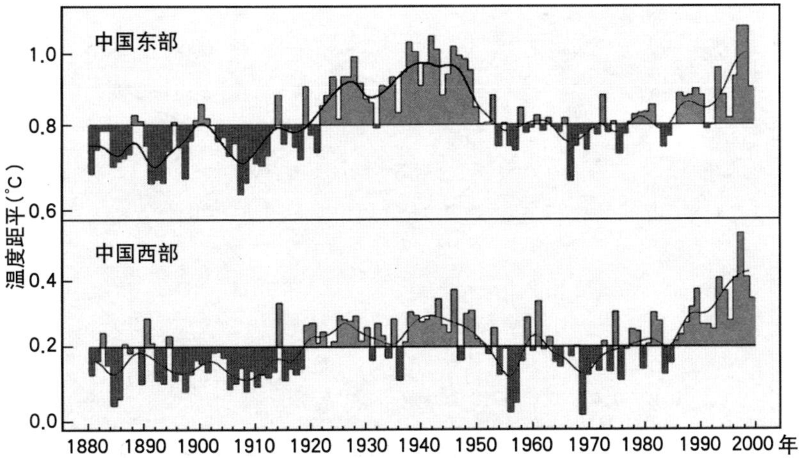

图 2.8　我国近 120 年的平均温度变化

（取自秦大河等，2002）

夏季大陆上的一些地区可能已经变得更干，干旱的威胁可能也相应地有所增加。在东亚地区，虽然降水量趋于下降或变化不大，但仍有些地方大雨和极端降水事件有所增加。全球热带和副热带地区的风暴强度和频率的变化，很大程度上仍受年代际变化的影响，没有呈现明显的增多或减少趋势。另外，记录还表明，热带气旋最大风速强度增加。

我国的气候变化

我国的气候正在变暖，以西北、华北、东北地区变暖最明显，其中华北地区出现了暖干化趋势。

温度变化 在全球变暖的大背景下，我国近百年的气候也发生了明显变化。总的来说，近百年我国气候变化的趋势与全球气候

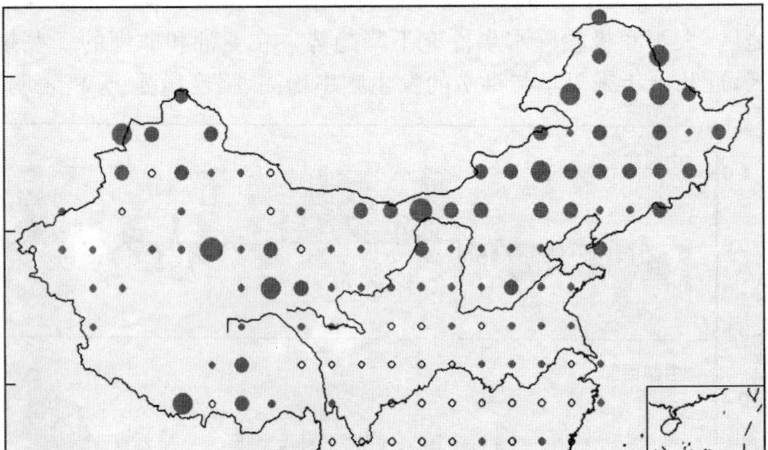

图 2.9 近 50 年地面气温增温速率分布

(取自秦大河等，2002)

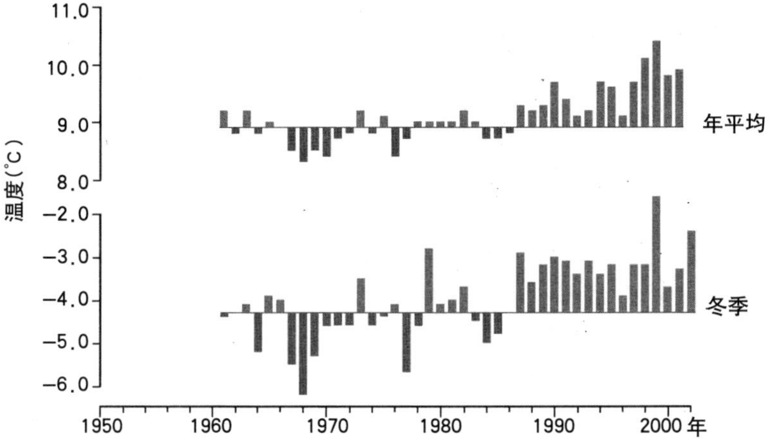

图 2.10　近 50 年中国年平均温度和冬季(12～2 月)平均温度变化曲线

(取自国家气候中心预测室，2002 年)

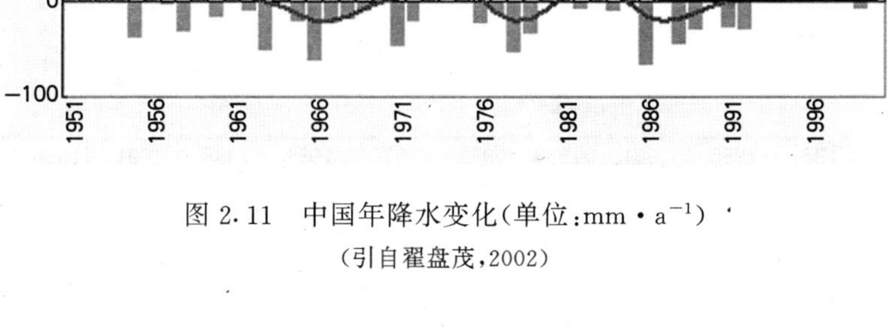

图 2.11　中国年降水变化(单位：mm · a^{-1})

(引自翟盘茂，2002)

变化的总趋势基本一致。近百年来,我国气温上升了 0.4～0.5℃,略低于全球平均的 0.6℃;我国 20 世纪 90 年代是近百年来最暖的时期之一,但尚未超过 20 世纪 20 年代～40 年代的最暖时期(图 2.8)。

从地域分布看,我国气候变暖最明显的地区在西北、华北、东北地区,其中西北(陕、甘、宁、新)变暖的强度高于全国平均值。长江以南地区变暖趋势不显著(图 2.9)。

从季节分布看,我国冬季增温最明显。1985 年以来,我国已连续出现了 16 个全国大范围的暖冬,1998 年冬季最暖,2001 年次之(图 2.10)。

最近 40～50 年中,我国极端最低温度和平均最低温度都出现了增高的趋势,尤以北方冬季最为突出。同时,寒潮频率趋于降低,低温日数趋于减少。

在全球气候变化的背景下,近 50 年中国降水的变化表明:中国年平均降水量减少,平均 10 年减少 2.9 mm,但最近 10 年(1991～2000 年)略有增加(图 2.11)。华北大部地区(图 2.12)、西北东部和东北地区,降水明显减少,平均 10 年减少 20～40 mm;而华南与西南地区,降水明显增加,平均 10 年增加 20～60 mm(图

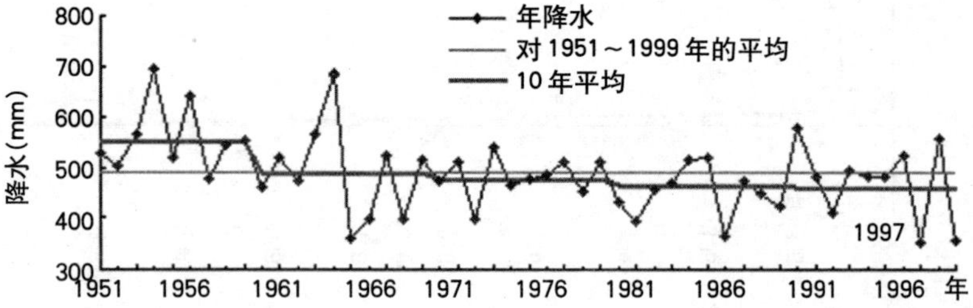

图 2.12 华北年降水长期变化(1951～1999)
(引自高歌等,2002)

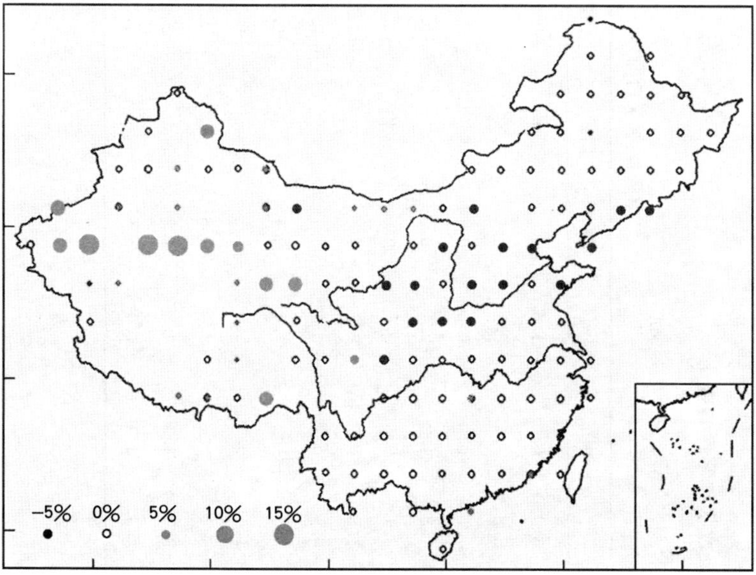

图 2.13　中国近 50 年降水变化的分布
（引自翟盘茂，2002）

2.13）。西北地区的西部，降水也增加。每年降水日数在 1951～1995 年期间有减少趋势，但降水强度呈增加趋势。与中国及其分区降水有关的极端气候事件的变化如表 2.2 所示。由表可见，除了降水强度以外，所有降水事件的发生频率都减小。降水强度有明显的增加，这表明暴雨的强度更为强烈。

气候系统的演变

雪盖和冰范围缩小，冰川退缩，冻土退化　卫星资料显示，1960 年以来全球雪盖范围大约缩小了 10%。地面观测显示 20 世纪在北半球中高纬地区河流结冰期每年减少了 2 个星期。非极地区的高山冰川普遍退缩。1950 年以来，在北半球的春季和夏季，海

表 2.2　中国及分区降水极端事件的变化

(引自 zhai 等,1999)

(单位:%·$(10a)^{-1}$)

事　件	东北	西北西部	西北东部	华北	华东	西南	华南	西藏	全国
年降水	−1.6	2.3	−0.6	−3.2	0.0	−1.0	0.5	2.1	−0.9
雨日	−5.8	−0.4	−2.5	−5.8	−4.7	−3.1	−3.7	−2.0	−3.9
1 d 最大降水	−0.1	1.9	−0.6	−1.5	−0.9	0.5	0.1	−0.9	−0.3
3 d 最大降水	−0.6	2.0	−0.7	−1.8	−1.3	0.4	0.3	−1.5	−0.5
大于 10 mm·d^{-1}的降水	−1.0	2.9	−0.3	−2.1	0.4	−0.7	0.9	−1.4	−0.4
大于 10 mm·d^{-1}的雨日	−3.3	0.6	−1.1	−1.8	−0.7	−2.2	−1.8	−3.9	−1.7
大于 50 mm·d^{-1}的降水	−0.9	—	0.4	−0.9	−0.1	0.4	0.7	—	−0.2
大于 50 mm·d^{-1}的雨日	−4.1	—	−3.9	−3.1	−1.2	−1.4	0.1	—	−2.3
大于 100 mm·d^{-1}的降水	−0.4	—	0.7	−1.4	−0.3	1.0	0.2	—	−0.1
大于 100 mm·d^{-1}的雨日	−4.7	—	−1.1	−5.6	−3.4	−2.7	−2.5	—	−3.6
最长连续雨日的长度	−4.1	−3.4	−1.7	−3.3	−2.7	−2.8	−1.8	−3.6	−2.9
降水强度	1.5	0.7	−0.3	2.3	3.3	1.0	3.1	−0.8	1.5

冰减少了大约10%～15%。最近10年，北极海冰的厚度在夏末秋初下降了大约40%，冬季海冰的厚度也在缓慢下降。非洲乞力马扎罗山的冰川面积在1912～2000年间减少了81%。1889年它的山顶完全由冰雪围绕，今天只剩下15%由冰雪围绕，且主要由季节性冰雪覆盖（图2.14）。

中国是世界上山地冰川最多的地区之一。冰川规模随气候变化而不断变化。在距今2.1万年的末次冰盛期，冰川面积约为现代的8.4倍。在10 000～8 500年前的早全新世升温期和8 500～3 000年前的中全新世大暖期，冰川处于大规模萎缩状态，数量众多的中小冰川消失。在距今3 000年来，冰川再度前进，形成了广泛分布的新冰期冰碛。至15世纪～19世纪的小冰期，各山区冰川又复前进，面积达72 000 km^2，比20世纪60年代大20%，雪线较

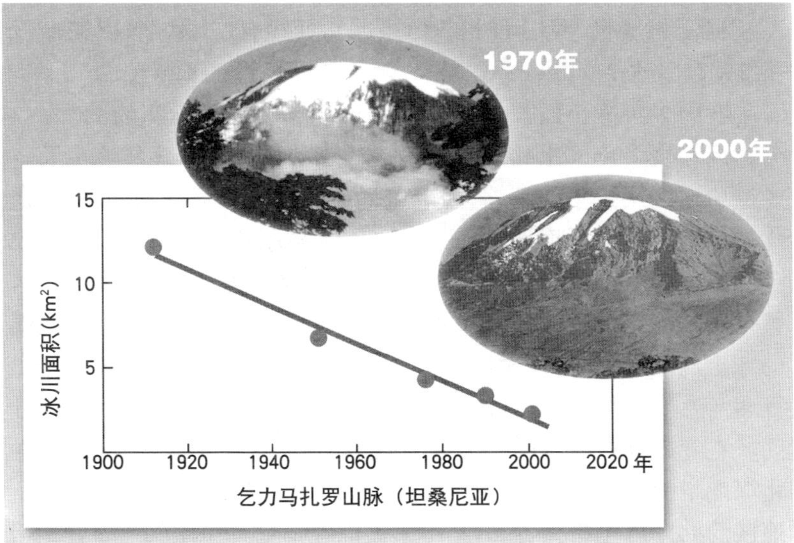

图2.14　非洲乞力马扎罗山积雪的变化

（取自中国气象局，2003）

今低 60～140 m。其后随着气候转暖，冰川再度退缩，雪线逐渐升高。其中，20 世纪 60 年代以来，西北干旱区冰川面积减少了 1 400 km^2，其平均变化率约为 4.9%，估计西部地区共减少 3 900 km^2，平均减少约 7%，雪线上升 30～60 m。

我国乌鲁木齐河源 1 号冰川，自小冰期后期以来，一直处于后退状态。1962～1980 年，冰川退缩了 80 m；1980～1992 年，冰川又退缩了 60 m。据 1959 年开始观测以来所积累的资料，该冰川的物质平衡亏损在 20 世纪 60 年代平均为 $-53\ mm\cdot a^{-1}$，20 世纪 80 年代增到 $-346\ mm\cdot a^{-1}$，1990～1991 年间更增至 $-706\ mm\cdot a^{-1}$。1959～1986 年累积负平衡达 $6.13\times10^6\ m^3$，相当于冰川减薄 3.25 m。在乌鲁木齐河流域，1964 年航测地形图上共量算到的冰川面积为 48.2 km^2，1992 年再次航测冰川面积已减至 40.9 km^2，损失了 15.1%。

据资料推算，我国西北各山系冰川面积自"小冰期"以来减少了 24.7%，达 7 000 km^2 左右。

我国多年冻土面积约 215 万 km^2，占全国陆地面积的 22.3%，分为高纬度多年冻土和高海拔多年冻土两种类型。多年冻土随气候变化而多次扩张与萎缩，随着气候变暖和人为活动加剧、冻土退化、季节融化，其深度逐渐加大。在青藏高原及其西部山地的不稳定冻土区，融化造成冻土垂向不衔接，形成融化夹层或深埋冻土，甚至导致冻土消失。其中 20 世纪 60 年代以来，青藏公路南北两端的冻土岛缩短，冻土面积减少。祁连山、阿尼玛卿山和巴颜喀拉山等多年冻土下界附近的地段，岛状冻土已不复存在，冻土下界升高。在青藏高原腹地的过渡型、亚稳定和稳定冻土区，冻土季节融化深度增大。20 世纪 80 年代以来，季节融化深度普遍增大。东北地区的纬度冻土带南界，100 年来已向北退缩近一个纬度。与此相应，针叶林带由南向北也相应推移 100 km 左右。

表 2.3 我国西北各山系“小冰期”冰川与现有冰川比较

（取自秦大河等，2002）

（单位：km^2）

山　　系	“小冰期”盛时冰川面积(km^2)	现有冰川面积(km^2)	面积变化(km^2)	百分比(%)
阿尔泰山	449	293	－156	－53.2
天山	12 248	9 196	－3 052	－33.2
帕米尔	2 882	2 206	－676	－30.6
喀喇昆仑山	6 630	5 925	－705	－11.9
昆仑山	9 835	8 735	－1 100	－12.6
祁连山	3 288	1 972	－1 316	－66.7
总　　计	35 332	28 328	－7 004	－24.7

全球平均海平面上升，海洋热容量增加　由于全球平均温度上升，海水膨胀，陆地冰川消融导致海平面上升。潮汐测量资料显示，20 世纪全球平均海平面上升了 0.1～0.2 m，上升速率为 1.0～2.0 $mm \cdot a^{-1}$。1950 年以来，全球海洋热容量增加。

造成海平面变化的另一原因是极地冰原的消长。在地球过去的历史时期，海平面曾发生很大变化。大约 12 万年前的上次冰期开始之前，有一个暖期，那时的全球温度比现在稍高，而那时的海平面比现在高 4～5 m。在冰期末期(大约 1.8 万年前)，冰盖面积达到最大面积时，海平面比现在低 100 m 以上，原因是大量海水被固定在大范围的极地冰原中。

《1992 年中国海平面公报》指出，根据我国 50 个验潮站的资料，我国海平面近几十年的上升速率平均为 1.4～2.0 $mm \cdot a^{-1}$；《1998 年中国海洋环境年报》指出，全国沿海主要验潮站的观测资料显示出海平面呈明显上升趋势，上升的平均速率为 2.6 $mm \cdot a^{-1}$。

水资源的变化　全球水循环是气候系统的一个基本组成部分。水分在海洋、大气和陆地表面之间通过蒸发、降水、大气运动的水汽输送以及径流或地下水流从陆地向海洋的输送而不停地循环着。这种循环是水分向大气,以及水分内部传递能量的主要途径。

降水是全球淡水资源的主要来源。当全球变暖时,温度增加,水循环加快,使降水分布发生变化。同时,下降到地面的水更多地被蒸发。蒸发和植物蒸腾后剩余下来的降水水分进入河流,这就是径流。在气候变暖的条件下,径流变化带来了江河流量的变化。

在中国西部,由于气候变暖和人类活动的共同影响,位于西北干旱区的塔里木河从 20 世纪 60 年代以来,来水量及泄水量不断减少,导致下游河道自 70 年代以来常期处于断流状态。

青海湖水位近百年来出现明显的直线式下降趋势(图 2.15)。特别是 20 世纪 20 年代末以来,仅在 1908～1986 年间就下降了 11 m,湖面缩小 676 km^2。其中,有实测湖水位与气象、水文记录的 1957～1986 年间,水位下降 2～3 m,面积缩小 264 km^2。

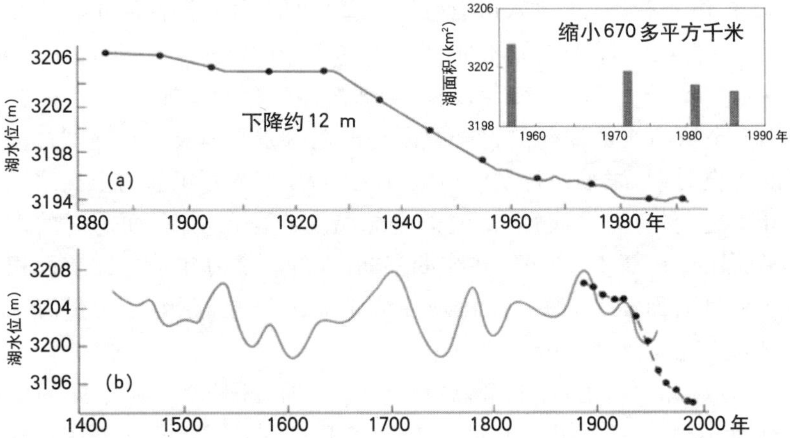

图 2.15　青海湖近百年(a)和近 600 年水位变化的重建曲线

(右上角给出了近 50 年湖面积的变化)

(取自秦大河等,2002)

艾比湖和岱海是西部干旱和半干旱区因强烈受人类活动影响而萎缩的代表性湖泊。艾比湖地质时期的水面曾达到 3 000 km^2，1950 年湖面缩至 1 070 km^2。此后，该流域农业用水量增加，入湖水量逐年减少，至 1987 年湖面缩至 500 km^2。岱海是内蒙古南部的封闭咸水湖，20 世纪 70 年代以来，水库截流和农田灌溉用水量增加导致入湖水量锐减，湖水水位持续下降，湖面亦由 20 世纪 70 年代的 160 km^2 萎缩至 1995 年的 109 km^2。

自然生态系统的变化 全球 10%以上的陆地是耕地，其余部分的陆地或多或少地是人类难以控制的，其中 30%是自然森林。构成局地自然生态系统的动植物种类对于气候、土壤类型以及可利用的水量很敏感。生态学家把世界划分为以各具特色的植被为特征的地区，叫做生物群落。气候是决定生物群落的主要因素，它能改变一个地区对不同物种的适应性，并能改变生态系统内部不同种群的竞争力。气候的微小变化往往引起生态系统组成的巨大变化。

观测表明，全球气候变暖对全球许多地区的自然生态系统已经产生了影响，如前面讲到的海平面升高、冰川退缩、冻土融化、河(湖)冰迟冻与早融等。另外还表现为中高纬生长季节延长、动植物分布范围向极区和高海拔区延伸、某些动植物数量减少、一些植物开花期提前等等。自然生态系统由于适应能力有限，容易受到严重的、甚至不可恢复的破坏。正面临这种危险的系统包括：冰川、珊瑚礁岛、红树林、热带林、极地和高山生态系统、草原湿地、残余天然草地和海岸带生态系统等。

森林覆盖了陆地总面积的 1/4，是最容易受气候变化影响的生态系统。许多树木对其生长的平均气候惊人地敏感。近年来，酸雨及来自重工业、发电站和汽车的其他污染使欧洲和北美洲的森林退化，连续的暖冬和干夏又使加拿大几个地区的树木枯萎。

中国西部地域广阔，气候、地形和基质等自然条件复杂，生物多样性比较丰富。那里生长着北方针叶林和亚高山针叶林，暖性、暖温性针叶林，亚热带常绿阔叶林，硬叶常绿阔叶林，以铁杉为主的针阔混交林以及热带森林，还有草原，荒漠以及湿地等。

地质历史时期，我国大陆处于热带和亚热带气候，植被的区域分异不明显。第三纪末和第四纪更新世期间(距今 250 万～1 万年)，受全球性气温波动式下降和青藏高原及其周边山地隆升的影响，我国自然环境出现了明显的区域差异。青藏高原和西北地区及其周边山地抬升，阻挡了来自印度洋和太平洋的暖湿气流，使高原内部和西北地区向干旱方向发展，青藏高原内部森林消失，代之以耐寒、耐旱的草原和荒漠草原，而西北地区则发展成干旱荒漠、荒漠草原等生态系统，旱生性植被大量发展，仅在海拔较高的山地或河谷洼地有森林分布。西南地区构造运动造成高山、峡谷。地形起伏的巨大差异保护了云南等地各种动植物免遭寒冷气候袭击，如熊猫、水杉等许多珍贵的物种得以保存下来，动植物极为丰富。至全新世初，动物群的地区分化已基本上和现代相似，我国的地貌轮廓基本定型，生物多样性变化主要受气候冷暖干湿波动和人类活动的影响。气候冷暖干湿波动引起生物气候带的水平迁移和垂直升降，导致生态系统和动物区系空间分布范围的扩缩和物种的增减。尤其是 7 200～6 200 年前的全新世大暖期鼎盛阶段，我国植被带分布比现今明显偏北，物种也丰富得多。

从距今6 000～3 000 年的仰韶文化时期开始，人类的定居农耕活动使局地野生动植物数量明显减少。我国北方农牧交错带在历史上大部分是温带草原(仅南部为暖温带森林)，历代移民屯垦和战争等造成农牧界限几度变迁，至清乾隆以后，天然草原植被几乎被农田植被代替；西南地区原来天然森林带非常广阔，历经各个朝代的开垦、砍伐，逐渐由平原、盆地向丘陵山区退缩，至 1949 年也仅在一些深山地区保有少量天然林。历史时期曾在我国陆地国土面积 1/3 的北部和西北部地区广泛分布的野骆驼，现今仅分布于塔里木河中下游、罗布泊地区、青海与新疆交界地区等地，而且数量极少(图 2.16)。

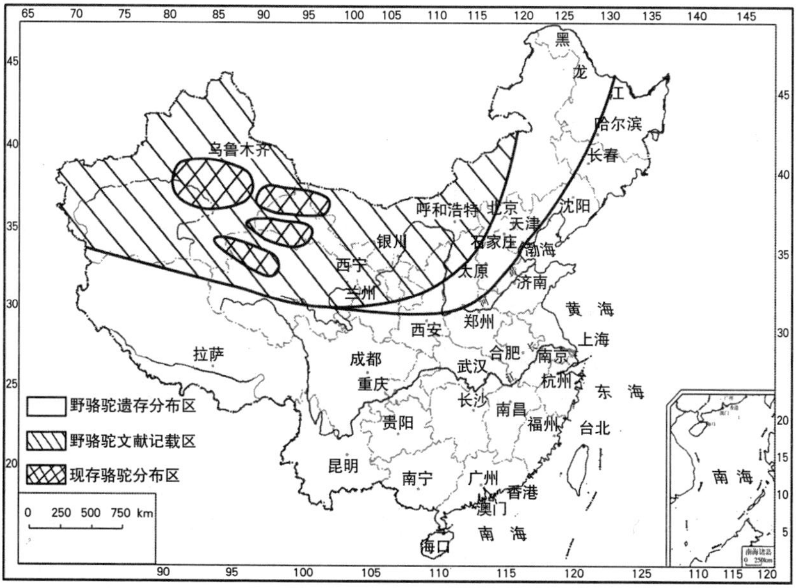

图 2.16　我国野骆驼分布区的历史演变

(取自秦大河等，2002)

气候暖干化和不合理人为经济活动的共同影响，使我国西部地区的土地沙漠化不断扩展。20 世纪 50 年代末期～70 年代中期，土地沙漠化的平均扩展速度为 1 560 $km^2 \cdot a^{-1}$，70 年代中期～80 年代中期增至 2 100 $km^2 \cdot a^{-1}$，到 90 年代中期已经达到 2 460 $km^2 \cdot a^{-1}$，每年沙漠化的土地约相当于一个中等县的土地面积。

过去的气候变化

为了更深入地了解近百年全球气候变化的特点与意义，应该把这种变化与过去几百年甚至更长时期的气候进行比较。据此才能理解近百年全球气候变暖在整个气候系统演变中的历史地位。自从地球在46亿年前形成以后,地球上的气候经历了漫长的激烈变化,主要表现为多次大冰期的发生。最后一次大冰期即第四纪冰期始于250万年前,以后又经过多次冰期与间冰期的交替或旋回,目前正处于末次冰盛期后的回暖期(间冰期)。在回暖的过程中,约距今1.26万年前的时期,出现了著名的新仙女木事件。新仙女木事件之后,气候继续回暖,进入了全新世。图2.17是全新世以来全球气温的变化情况。可以看到近1万年中出现了三次暖期,第一次暖期被称做大暖期。大暖期在中国出现在距今8 500～3 000年间。全新世之初,温度一般比20世纪高,但增暖最盛出现的时间因地区而异,在欧洲出现在距今6 000～4 800年,南半球出现在距今6 000～10 000年,中国出现在距今5 000～6 000年及7 000年前,那时全国平均温度比今天高2℃以上。降水变化的资料不多,但有些地区出现洪水显著增加的现象(如美国西南部)。全新世中第二个暖期是中世纪温暖期,发生在公元900～1 300年之间。这次暖期的温度变幅较小,并且从半球尺度看,其出现时间有一定差别。北半球在11世纪～14世纪的平均温度只比15世纪～19世纪的小冰期的平均温度高0.2℃,比20世纪中叶的温度要低。对于中国是否存在一个中世纪温暖期,科学界是有不同看法的。但至少中国的中世纪温暖期不是一个持续温暖的时期,有科学家认为,其中至少有3个暖期和2个冷期,并且温暖期主要发生在中国的东部。中世纪温暖期之后是长达300多年的小冰期(16世纪中～19世纪中)。那时北半球中纬地区年平均温度的30年平均值约比20世纪中后期的暖期低1.0℃左右,北半球高纬地区可能低1.5～2.0℃。从1850年小冰期结束之后,气温开始突然上升,进入近140年的第三次增暖期。虽然这次近代增暖期温度上升的幅度不及大暖期的温度增幅,但明显超过了中世纪温暖期的增温。从IPCC第三次评估报告给出的北半球千年温度曲线可以看到这一点(图2.18)。所以20世纪是过去1 000年中最暖的100年。

新仙女木事件

在最近一次冰期-间冰期的循环中，冰盛期出现在距今 25 000～18 000年。以后温度开始上升向间冰期过渡。但是这种过渡不是连续地进行。到大约距今 13 000 年的时候，正是间冰期初期的增暖期，温度突然回令，在几十年期间下降 20～30℃。这个降冷期大约延续了 1 500 年。这个时期的温度降到了与上次冰期结束时相近的数值，同时伴随着风暴的减少以及 50%的降水减少。它使间冰期的增暖突然中断。这次地质年代上著名的气候变化突发事件就称为新仙女木事件(younger-dryas event)。因为在这个时期，一种叫八角仙女木的北极地区的花不断扩展，以此为特征标志，这个降冷期就称为新仙女木事件。新仙女木事件结束的时间大约在 11 500 年前，以后增暖又突然地回复。北极地区在 50 年中增温达 7℃之多。地球气候的变化进入末次间冰期的第二个主要增暖期。

由于新仙女木事件代表了末次间冰期增暖期间一次突然的降冷事件，可能表征了一种气候的不稳定或非线性突变的状况，因而引起了气候学家的很大关注。

图 2.17 北极仙女木

(照片由中国气象科学研究院陆龙骅提供)

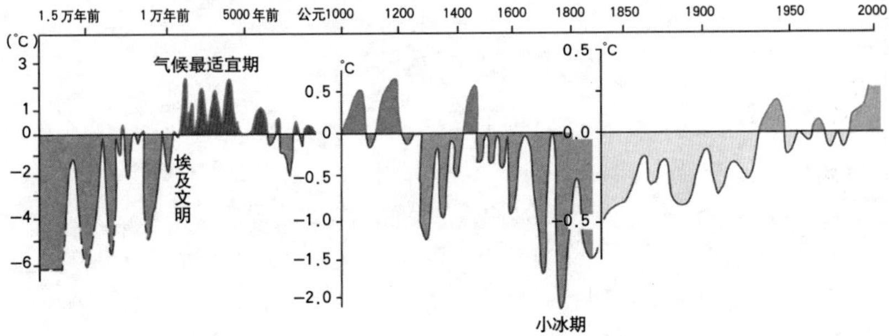

图 2.18 近1万多年来全球气温的变化(注意时间尺度不同)

(由朝仓正(1991)的图改绘)

第三章

气候系统变化的原因

引起气候系统变化的原因有多种，概括起来可分成自然的气候波动与人类活动的影响两大类。前者包括太阳辐射的变化、火山爆发等；后者包括人类燃烧矿物燃料以及毁林引起的大气中温室气体浓度的增加、硫化物气溶胶浓度的变化、陆面覆盖和土地利用的变化等。

自然因素与气候变率

气候系统所有的能量基本上都来自太阳，所以太阳能量输出的变化被认为是导致气候变化的一种辐射强迫，也就是说，太阳辐射的变化是引起气候系统变化的外因。不少科学家试图以此来解释地球的气候变化。但长期以来并没有精确的测量表明太阳辐射的输出有达到显著程度的变化。因而太阳的输出被认为是常数，即太阳常数。直到 20 世纪 70 年代末，卫星观测的应用使得人类可以在大气层以外准确地测量太阳辐射输出的变化，人类这才知道太阳辐射输出量并不是完全不变的，尤其是在太阳黑子异常活动的周期中,年平均辐射总量的变化为11年太阳活动周期最大值与最小值差的0.08%(1.1 W·m^{-2})。从1750年以来,太阳辐射变化造成的辐射强迫估计为0.3 W·m^{-2},其中大部分变化发生在20世纪上半叶,但太阳辐射的变化影响气候的机理尚不清楚,也缺乏严格的理论或观测事实支持。许多科学家认为太阳黑子数多时地球偏暖,低时地球偏冷。例如17世纪的70余年中太阳黑子数很少,并且寿命亦较短。当时太阳的辐亮度比目前约小0.4%或太阳辐照度约小1 W·m^{-2}(入射到地球表面的平均太阳辐射能量)。太阳能的这一减少时期对应了前面所述的小冰期的偏冷时段。因而有些科学家认为这是小冰期较冷时段发生的主要原因。科学家们估计自1850年以来太阳辐照度的最大变化不大可能超过0.5 W·m^{-2}。这个数值只是与大气温室气体增加在10年内引起的地球表面能量变化相同。因而太阳辐射的变化不可能是引起现代全球变暖的主要原因。

引起太阳辐射变化的另一原因是地球轨道的变化(Houghton,1997)。地球绕太阳轨道有三种规律性的变化:一是椭圆形地球轨道的偏心率(长轴与短轴之比)以10万年的周期变化;二是地球自转轴相对于地球轨道的倾角在21.6°~24.5°间变化。其周期为41 000年;三是地球最接近太阳的近日点时间的年变化,即近日点时间在一年的不同月份转变,其周期约为23 000年。由于地球的轨道参数变化不断地改变着地球与太阳的相对位置,虽然到达地球的太阳辐射量变化甚小,但地表辐射随纬度与季节的分布变化很大。科学家们利用这种关系(又称米兰柯维奇理论)可以很好地解释百万年尺度的冰期与间冰期的交替发生现象。在过去的1万年中,由于上述地球轨道的变化,7月份60°N处的太阳入射辐射减少了35 W·m^{-2},这是一个很大的量,但在过去100年中,这种变化却不到1 W·m^{-2}。它也远远小于CO_2增加所引起的变化,并且是负值,因而由地球轨道变化也不可能是近百年全球变暖的原因。

另一个影响气候变化的自然因素是火山爆发。火山爆发之后，向高空喷放出大量硫化物气溶胶和尘埃，可以到达平流层高度。它们可以显著地反射太阳辐射，从而使其下层的大气冷却。因而强火山爆发后数年一般会出现全球范围的降温。其降温幅度在0.3～1.0℃之间。因而火山爆发产生的是负辐射强迫。观测表明，近百年主要的火山爆发活动期在1880～1920年和1960～1991年，由于每次火山爆发影响的延续时间只有几年，与温室气体增加产生的长期作用相比，是一种短时期的影响，因而也不是造成近百年全球变暖的因子。20世纪最强的一次火山爆发是1991年6月菲律宾的皮纳图博火山爆发，它使大气顶净辐射量的变化为0.5 W·m^{-2}，持续了2～3年时间，造成全球平均0.5℃左右的降温，结果使连续增温的全球地表温度曲线上呈现出一短时期的谷区。

气候变化，不论其平均态还是其有关的极端事件可以由来自气候系统以外的外强迫造成，也可以由气候系统各部分之间的相互作用产生。前者一般称为外强迫引起的自然气候变化与变率，后者称为内部产生的自然气候变化与变率。在这些气候系统的自然变化中，最重要的方面是大气与海洋环流的变化或脉动。这种环流变化是造成区域尺度各种气候要素变化的主要原因。大气与海洋环流的变化有时可伴随着陆面的变化。在年际时间尺度上，ENSO和NAO是大气与海洋环流变化的重要例子。它们的变化影响着大范围甚至半球或全球尺度的天气与气候变化，是目前制作季、年际气候预测的基础与依据。长期以来世界上许多气象学家一直在研究这方面的问题，旨在提高全球与区域的气候预测水平。对于更长的十年时间尺度，太平洋十年尺度振荡(PDO)和相关的年代际太平洋振荡(IPO)已引起人们的注意，利用这些振荡可以解释地面气温全球平均变化的一半左右。它们也明显地与地区性的温度与降水变化有联系。许多研究表明，上述长期的大气与海洋环流的变化在近几十年是十分反常的。例如ENSO事件从1976年以来发生得更为频繁、强烈和持久，这与热带太平洋在这一时期明显偏暖有关。因而可能与全球气候变化有密切的关联(图 3.1)。

世界上有许多季风区,如亚洲季风区、非洲季风区、大洋洲季风区和美洲季风区,其中最著名的是亚洲季风区。印度、中国和东南亚诸国都属于亚洲季风区。夏季西南季风从海洋上带来丰沛的水汽,从而引起了亚洲季风区不同地区的雨季。冬季的冬季风带来了干冷的空气,引起大范围地区的寒潮、大风与降温天气(图 3.2,见彩图)。季风的一个重要特点是有很大的年际变化,经常造成异常的洪涝和干旱、暖冬与冷冬。我国和世界的许多气象学家长期以来研究季风的不同时间尺度的变率及其区域分布特征,用以制作季风与旱涝的预报。目前人们关注季风的另一热点问题,即它的长期变化。有人认为萨赫勒地区 20 世纪 50 年代的湿期和 70 年代~80 年代的长期干旱及近十几年的转湿可能与非洲季风雨季异常活动有关,而最后又与北大西洋或其邻近地区的海表温度异常有关。印度季风几十年和十年尺度的长期变化已引起了科学家的广泛注意。过去认为这种长期变化与 ENSO 事件密切相关,即存在

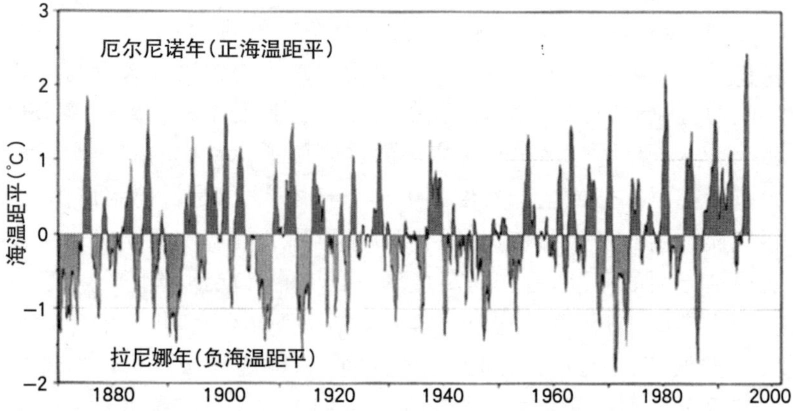

图 3.1　厄尔尼诺和拉尼娜强度的长期变化曲线
(取自 IPCC,2001)

着负相关，当厄尔尼诺事件发生时，印度季风弱，降水明显减少。但这种关系在最近 20 年似乎已被破坏。也有人认为，冬春欧亚持续增加的地表温度有利于增强海陆温度，从而引起夏季风加强。现在还不清楚季风的这种变化是否与全球气候变化有关。

人类活动加剧了气候系统变化的进程

前面已经指出，人类活动引起的全球气候变化，主要包括人类燃烧矿物燃料、硫化物气溶胶浓度的变化、陆面覆盖和土地利用的变化（如毁林引起的大气中温室气体浓度的增加）等。人类活动排放的温室气体主要有 6 种，即二氧化碳（CO_2）、甲烷（CH_4）、氧化亚氮（N_2O）、氢氟碳化物（HFCs）、全氟化碳（PFCs）和六氟化硫（SF_6）（表 3.1）。其中对气候变化影响最大的是 CO_2。它产生的增温效应占所有温室气体总增温效应的 63%。且在大气中的存留期很长，最长可达到 200 年，并充分混合，因而最受关注。HFCs 和 PFCs 是 CFCs（氯氟碳化物）的替代物，虽然它对臭氧层损耗大为减轻，但对气候变化的增温效应是明显的。除了上述 6 种温室气体以外，对流层臭氧（O_3）也是一种值得注意的温室气体。

表 3.1　温室气体的种类和特征

种　　类	增温效应（%）	生命期（年）
二氧化碳（CO_2）	63%	50～200
甲烷（CH_4）	15%	12～17
氧化亚氮（N_2O）	4%	120
氢氟碳化物（HFCs）	11%（合计）	13.3
全氟化碳（PFCs）		50 000
六氟化硫（SF_6）及其他	7%	?

温室气体排放的影响

在排放温室气体的人类活动中，最显著的是所有的矿物能源燃烧活动都排放CO_2。在矿物能源中，煤含碳量最高，石油次之，天然气较低；矿物能源开采过程中的煤炭瓦斯、天然气泄漏可排放CO_2和CH_4；水泥、石灰、化工等工业生产过程排放CO_2；水稻田、牛羊等反刍动物消化过程排放CH_4；土地利用变化减少对CO_2的吸收；废弃物排放CH_4和N_2O。

上述几种气体之所以得到重视，是因其能够影响地球的辐射平衡，从而影响地球的气候，但这仅是一方面，实际上他们作为大气中的污染物质在不同的环境问题中也起着一定的作用，表3.2是一些温室气体对不同环境问题的影响(Berdowski 等，2001)。

表 3.2 不同温室气体对环境问题的影响

(Berdowski 等，2001)

化合物	冬季雾	夏季雾	RT(D)	RT(I)	酸雨	Tox(D)	Tox(I)	O_3^-	OC
CO_2	—	—	[+]	—	—	—	—	—	—
N_2O	—	—	[+]	—	—	—	—	[+]	—
SO_2	[+]	—	—	[+]	[+]	[+]	[+]	—	—
CO	[+]	[+]	—	[+]	—	[+]	—	[+]	[+]
NMVOC	[+]	[+]	—	[+]	—	[+]	[+]	[+]	[+]
CH_4	—	[+]	[+]	[+]	—	—	[+]	[+]	[+]
NO_x	[+]	[+]	—	[+]	[+]	[+]	[+]	[+]	[+]
CFCs	—	—	[+]	[+]	—	—	—	[+]	—
气溶胶	[+]	[+]	[+]	—	[+]	[+]	—	[+]	—

注：RT＝辐射传输，下标D代表直接影响，下标I代表间接影响；Tox＝毒性，I代表其反应产品，如乙醛，它是NMVOC(非甲烷挥发性有机化合物)氧化反应的产品；OC＝大气的氧化能力，这是自身清除能力的一种度量；[+]代表有影响；—代表无影响。

由表3.2可见，CO_2虽然是最重要的温室气体，但对人类与环境几乎是完全无害的，对于植物的生长甚至有益，几乎也不影响大气化学过程，虽然其含量在所有温室气体中是最多的，但其增温潜力(GWP)是最低的。但是 NO_x 在所有环境问题中都起作用,如 NO_x 含量得以减少,则对于环境问题是有益的。

地球上对于大气中 CO_2 浓度的直接测量是从 1957 年在夏威夷的冒纳罗亚(Mauna Loa)和南极站开始的(图 3.3)。这是人类第一次用精密的观测仪器连续地测量大气中 CO_2 浓度的变化,两个站的结果都清楚地表明,CO_2 浓度从 1957 年以来都是直线上升的,大致从 315 ppmv[①] 上升到今天的 368 ppmv。中国的瓦里关山本底站也测量到相似的 CO_2 变化曲线(图 3.4),从更长的时间尺度来考虑可以更清楚地看到近 200 年 CO_2 迅速增加的情况。根据各种不同的测量与代用资料(主要是冰芯分析),人们重建了近 1 000年和过去 40 多万年 CO_2 大气浓度的变化(图 3.5 和 3.6)。可以看到,从 10 世纪到 18 世纪中期,大气中 CO_2 的浓度水平大

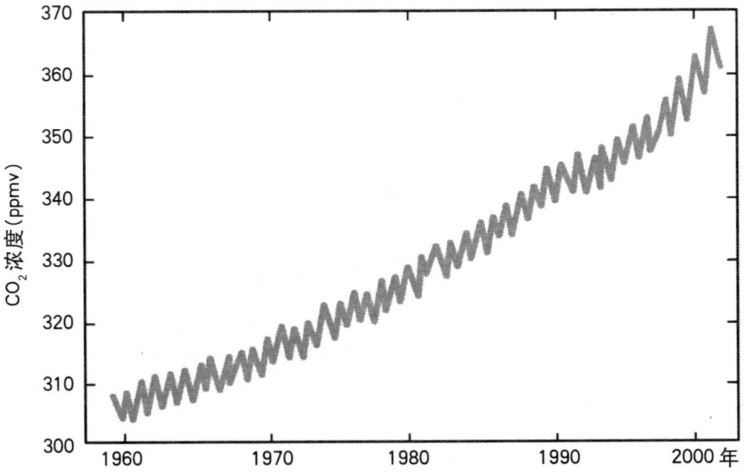

图 3.3 夏威夷冒纳罗亚观测站测量的大气 CO_2 浓度变化

(取自 IPCC,2001)

① ppmv 即 part per million in volume(体积的百万分之一),1 ppmv=1×10^{-6}。

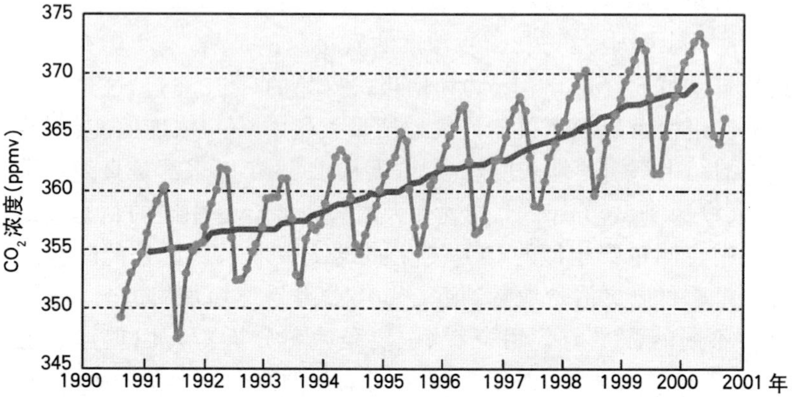

图 3.4 中国瓦里关山本底站测量的 CO_2 浓度变化

(由中国气象科学研究院提供,2002)

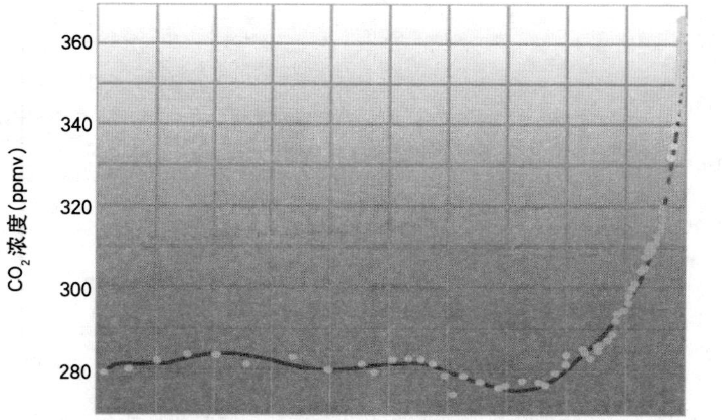

图 3.5 近 1 000 年大气 CO_2 浓度变化曲线

(取自 IPCC,2001)

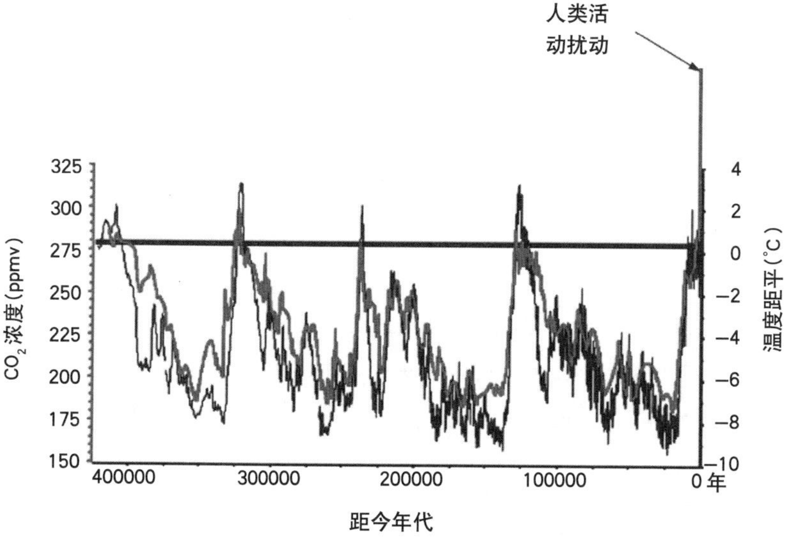

图 3.6 南极东方站(Vostok)由冰芯得到的
大气 CO_2 浓度曲线和温度曲线
(取自 IPCC,2001)

致稳定地维持在 280 ppmv。从 1750 年开始(大致相应工业革命开始的年代),CO_2 浓度开始上升,并且在近 50～100 年呈现加速上升的趋势。这显然与工业化以后通过前述各种途径 CO_2 排放的大量增加密切相关。近 200 年不断加剧的人类活动造成了大气中 CO_2 浓度的增加(表 3.3)。

从表 3.3 可以看出,368 ppmv 值不但超过了近千年的 CO_2 浓度值,而且可能是过去 42 000 年的最大值,也可能是过去 2 000 万年的最大值。从南极冰芯的记录可以看到(图 3.6),与温度的四次大的变化期相应(冰期与间冰期),CO_2 浓度也有四次循环,即冰期对应于低值浓度,间冰期对应高值浓度,但不论哪一次循回,都是在 180～280 ppmv 范围内变化,从未超过 280 ppmv 的极限值,而只是在最近 200 年，才迅速上升，达到了今天的 368 ppmv 的高值。

表 3.3 大气中近 200 年主要温室气体含量的变化

（取自 IPCC，2001）

年　份	CO_2(ppmv)	CH_4($\mu g \cdot L^{-1}$)	N_2O($\mu g \cdot L^{-1}$)
1000～1750	280	700	270
2000	368	1750	316
增幅（%）	31±4	150±25	160

上述观测分析结果都充分地说明了，人类活动大量地增加了温室气体的排放，使大气中温室气体的浓度在近 200 年中迅速增加。大气中温室气体的增加是通过温室效应来影响全球气候或使气候变暖的。对于这个问题的认识大致经历了三个阶段。1827 年法国科学家（也是著名数学家）J.B. 傅里叶最早从理论上认识到温室气体的增暖效应（Houghton，1997）。他指出大气和温室玻璃一样会产生相似的增温结果。这就是温室效应这一名称的由来。后来英国科学家 J. 丁德尔测量了 CO_2 和水汽对红外辐射的吸收，进一步阐明了大气中微量的温室气体对温度变化的特殊作用。第二阶段主要是对温室气体增暖效应的定量计算和预测。在 19 世纪后期以及以后的 50 年中，不少人进行了这种计算，其中一位瑞典化学家 S. 阿尔赫尼斯在 1896 年通过计算，指出由于燃烧煤使 CO_2 浓度加倍时全球平均气温将增加 5～6℃。这个结果已十分接近我们现在由复杂气候模式计算的结果。在这个时期，S. 兰利与 R. 伍德也指出了暖室与大气中温室效应的差别。在这些工作的基础上，在 1957 年，R. 瑞威拉和 H. 瑞斯第一次明确指出由人类活动产生的温室气体的增加将可能导致气候变化。同年在夏威夷的冒纳罗亚和南极建立了 CO_2 测量站，从而进入了温室气体的实际测量阶段，并以精确的测量结果表明，大气中的 CO_2 浓度确实在不断地增加。由此揭开了近代全球气候变化研究的序幕。

为什么由温室气体造成的温室效应可以引起全球气候变化呢？这是了解全球气候变化原因的物理基础，对此我们将作简明的说明(Houghton，1997，2001)。在了解这种温室效应之前，首先我们说明一下形成地球温度场的最基本的原理——辐射平衡问题。

前面已经指出，大气中除了含有占 99%的氮气和氧气以外还有其他少量的微量气体(如 CO_2 等)以及云、水汽和尘埃等。后者虽然所占体积和数量很少，但它是造成地球上具有较高温度的主要原因。如果不考虑上述微量气体以及云和水汽、尘埃的作用，地球表面的平均温度完全决定于辐射平衡过程。有两种辐射过程影响地球的温度，一是使地球表面加热的来自太阳的短波辐射，另一种是由地球和大气向外空射出的长波辐射。平均而言，净射入的太阳短波辐射与射出的地球长波辐射必须维持平衡，这样才能保持地球温度稳定在某一数值上。根据辐射平衡的计算，大约 288 $W\cdot m^{-2}$的净入射太阳辐射可用来加热地球系统。为了维持热量平衡，地球本身也必须以热辐射的形式向外空平均射出同样数量的辐射能。由于作为一个辐射体的地球温度(约 290 K)远比太阳的温度(约 6 000 K)低，其波长位于红外辐射或长波波段。根据斯蒂芬-玻尔兹曼定律：$E=\sigma T_g^4$(σ 是斯蒂芬-玻尔兹曼常数，T_g 是地表温度)，地表越热，发射的辐射能越多；地表吸收越多，辐射也越多。一般情况下是把地表看做一个黑体，即吸收了所有到达其上的辐射而不反射，因而它的发射也是最大的。由上面的原理进行的计算表明，为了平衡入射的太阳辐射，地球有效放射温度必须达到－19℃才能达到辐射平衡。这个温度值要比现在观测到的实际地球温度值 14℃低 33℃。是什么原因使地球的温度从－19℃升到了 14℃的高值?这是由水汽、CO_2 和其他一些微量气体造成的自然温室效应的结果(图 3.7a)。

水汽、CO_2 和其他一些微量气体在大气中的含量虽少，但它可以吸收地表放射的一部分热辐射，从而引起地球大气的增温，使温

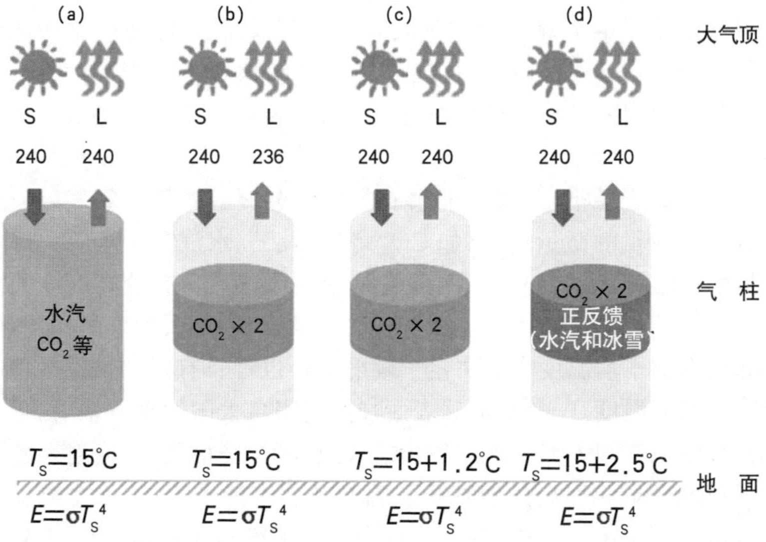

图 3.7 地球的自然温室效应和增强的温室效应示意图
(a)自然的温室效应;(b)CO_2 浓度增加到原来的 2 倍
(c)增强的温室效应;(d)反馈作用
(由 Houghton(1997)中的图 2.8 改绘)

度由－19℃上升到 14℃,造成 33℃温度差。上述气体的这种对地表长波辐射的吸收或遮挡作用被称为自然的温室效应,因为这种作用的产生与人类活动造成的大气中温室气体的增加无关。它远在人类出现之前就已经存在了。温室效应之所以得名是由于上述辐射过程十分类似于玻璃温室或暖房的辐射过程。在温室中,太阳辐射可透过温室玻璃到达房内并被植物和土壤所吸收,同时后者又以长波辐射形式向外发射。它们被玻璃吸收并将部分辐射再发射向温室中,从而使温室的温度增高。由于温室的玻璃吸收或阻挡了长波辐射使温室增温,因而起到了与大气中水汽、CO_2 及其他温室气体相同的作用(Houghton,1997)。

但是仅从辐射热输送过程来理解温室效应还不够,还不能对温室效应有一个正确的认识，必须再进一步从考虑大气中的对流输送过程对大气温度分布的影响来理解温室效应(Houghton，1997)。由于太阳辐射主要被地表面所吸收并被加热，以后热空气上升，同时周围较冷的冷空气会下沉补偿从而引起空气的上下运动，即对流。最后上下运动互相平衡，达到对流平衡状态。上升的空气在上升中，由于周围气压减小而膨胀对外做功，结果消耗自身的内能(热能)而导致温度下降变冷，而下沉的空气则相反，其温度会上升，因而最后达到对流平衡的温度垂直分布是随高度而下降的，其下降率约 6℃·km^{-1}(图 3.8)。前面已经指出，大气中的水汽和温室气体吸收了地表发射的长波热辐射，并同时以自身的温度向外空放射出热辐射。在大气高层的这些气体，由于温度比地表

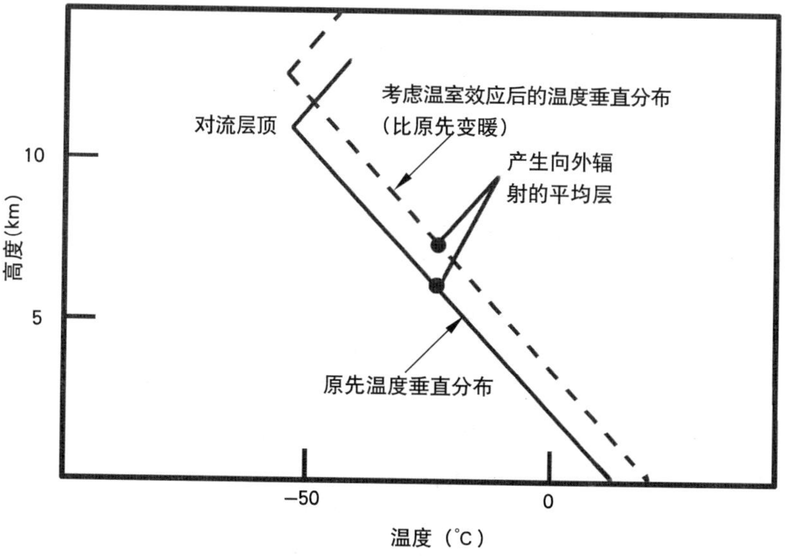

图 3.8 对流大气中的温度分布(实线)
(虚线代表当 CO_2 增加后温度的变化)
(取自 Houghton，1997)

低得多，发射的热辐射量比较小。因此这些高层的温室气体吸收了大量或全部（看做黑体）由地表发射的长波辐射，但向外发射了比其吸收小得多的长波辐射。这比没有这些水汽和温室气体情况下的大气损失于外空的热辐射要小得多。这些温室气体的作用犹如覆盖在地表上的一层棉被，棉被的外表比里表要冷，使地表热辐射不至于无阻挡地射向外空；从而使地表比没有这些温室气体时更为温暖。由上可见，地球上如果没有温度随高度减小的温度垂直分布，就不会有温室效应。

使温室效应再度复杂化的因素是云的存在。云有两种作用：

- 云顶表面可以反射太阳辐射再回到太空，因而使地球收入的太阳短波辐射减少，这可使前面无云和水汽及温室气体的入射量 288 $W \cdot m^{-2}$减少为 235 $W \cdot m^{-2}$。这样为平衡此太阳辐射而射出的长波辐射也要相应减少。
- 云也吸收与发射热辐射，具有类似温室气体的增温效应。

这两种作用结果相反，前者使地表冷却，后者使地表变暖。但云对辐射总的效应是使地表略有降冷。

应该指出，不论地表和大气内部的物理过程如何复杂，都如本章开始时所指出的，进入与离开大气顶的辐射能量之间必须保持平衡。前面已经指出，在有云的大气中，进入大气的净太阳辐射为 235 $W \cdot m^{-2}$，则射出的长波辐射必须也有这个量。这种平衡一旦被破坏，它可以通过地球表面温度的升高来恢复平衡。可以造成这种辐射平衡破坏的主要因子是人类活动引起的大气中温室气体的增加。由此而造成的地表温度的进一步增加被称为增强的温室效应（图 3.7c）。可以看到，这种增强的温室效应实际上是由于人类活动引起的附加在自然温室效应之上的一种温室效应。虽然其量值比自然温室效应小得多，但其增暖作用的意义是非常重要的。

图 3.7 说明了自然的温室效应（图 3.7a）与增强的温室效应情况（图 3.7c）。在图 3.7 中，大气中水汽和温室气体的存在，使地

球的温度由-19℃上升15℃。如果大气中CO_2浓度增加1倍(图3.7b),大气顶的辐射平衡将受到破坏,由于增加的CO_2拦截了地球和大气放射的长波辐射,使离开大气的长波辐射量只有236 W·m^{-2}。因而气候系统内部将进行调整,以恢复原有的平衡。根据前述的理由,地表必须升温1.2℃。温度升高之后,大气中的水汽将增加,这将使温室效应进一步加强。通过这种正反馈作用,地表的增温将不是1.2℃,而是2.5℃,所以反馈作用是非常明显的。

土地利用变化的影响

人类活动影响气候变化的另一因素是土地利用变化。这主要有两个原因,一是陆面物理特征的变化能影响辐射、热量和水的交换;二是植被类型、密度和有关土壤特性的变化通常可引起陆地碳储存和通量的变化,进而使大气CO_2含量发生变化。土地利用变化分两种类型,一类是直接由人类活动引起的变化,如毁林、造林、农业灌溉以及城市化、交通等,另一类是间接变化,即气候的变化或CO_2含量的变化可使生物群落的植被结构和功能发生变化或者造成生物群落本身的迁移。目前世界上正采用各种手段连续地监测第一类土地利用的变化,尤其是热带湿润地区的大规模毁林。一些科学家也用气候与陆面过程模式以及实地观测研究热带雨林的砍伐对气候的可能影响。对于热带外地区的毁林对气候的影响也进行了一些外场观测和模式研究。所有这些研究结果都表明,热带森林一旦被退化的草地代替,将会减少蒸发,增加地表温度。但大范围毁林对水循环的影响仍然不清楚。即使在研究很多的南美亚马孙河流域、东南亚与非洲地区也是如此。另一方面,研究表明,大范围的开垦和耕种引起地区性冷却,量级可达1～2℃。这是由于蒸散率和冬季反照率增加的结果。雪-植被反照率作用也能明显地影响近地面温度。非洲萨赫勒地区的长期干旱有人也认为与该地区植被或土地利用变化有关。所有上述研究都表明,大范围土地利用的变化能产生明显的区域气候影响。但科学家也认识到，过去50～100年间造成的实际土地利用变化对全球气候变化的作用不可能达到与温室气体增加产生的全球气候变化相同的量级。

从中长期的观点看，第二类陆面的变化可能很重要。例如气候变暖后，高纬生长季延长，从而造成生物质密度、生物化学循环率、光合作用、呼吸和森林火灾等增加，进而造成反照率、蒸散、水文和区域碳收支的明显变化。城市化是另一种土地利用的变化，它通过影响地面粗糙度而影响地方性风场。这是蒸发特征和射出长波辐射改变的结果(如地表放射的长波辐射被高大建筑物拦截)。这种城市化现象对于区域气候影响的量级虽然不大，但它会影响台站仪器的温度记录，因而应消除这种城市化的影响。这也是一个非常复杂的问题。

气候系统中的反馈过程

前文已经指出，人类活动使大气中 CO_2 含量加倍后，导致的增强温室效应(图 3.7)使全球平均温度在原来 15℃上又上升了1.2℃，但在这种计算中，只考虑地表和近地面温度的变化，没有考虑在恢复全球辐射平衡过程中，气候系统各部分的变化及其相互作用所造成的影响。如果考虑与温度增高相关联的各种反馈作用，实际的全球平均温度很可能会更高，约在 2.5℃。

如果一个过程的结果反过来又影响其初始施加的强迫作用，这种相反的过程就称为反馈。通过这种过程，如果初始作用被加强，就称为正反馈；如果被减弱，就称为负反馈。应该指出，气候系统中的许多过程与相互作用是非线性的，也就是说，在因果之间不存在简单的正比关系，这种复杂的非线性系统表现出所谓的混沌状态，即初始条件的微小变化可以引起以后气候系统的明显变化。但这并不意味着气候系统的未来状态就是完全不可预报的。在许多情况下，气候系统的变化及其结果是可以预报的。每天天气的预报就是一个很好的例子。引起每天天气变化的天气系统的演变基本上是受非线性的混沌动力学控制，但目前的大多数天气预报，都是比较成功的，只是其可预报性有一个极限，大约 2 周左右。对于气候系统也是一样，虽然它也是高度非线性的，但可以近似地处理为对外界辐射强迫的准线性响应问题，因而人类活动引起的大尺度气候变化也是可预报的，尽管气候变化中还有相当大的部分是不可预报的，必须用其他方法如统计方法、经验方法来解决。

我们主要考虑 6 种反馈过程（Houghton，1997，2001）：

大气的水汽反馈 温度增加使蒸发加强，导致使大气中水汽量增加，因而水汽是一种正反馈。计算表明，它将使由于 CO_2 加倍引起的全球平均温度升高增加 60%。

大气温度结构（温度递减率）**反馈** 尤其是大气中水汽含量改变后，大气温度结构将发生变化，这种对地表温度的反馈是负的。

冰雪反照率的反馈 冰和雪的表面是太阳辐射的强烈反射体。反照率即是这种反射能力的度量。如果具有低反照率的海面（反照率为 0.1）或陆面（反照率为 0.3）被高反照率的海冰（反照率 ≥0.6）所覆盖，地表所吸收的太阳辐射将不到原先的一半，因而地表进一步降冷，反之亦然。这是冰雪-反照率正反馈过程。它会使 CO_2 加倍产生的增温再增加 20%。

云的反馈 云对辐射有强烈的吸收、反射或放射作用，这称做云的反馈作用。云的反馈作用十分复杂，其反馈强度和符号决定于云的具体种类、云的高度、光学性质等，但基本上可以分为两类作用。一方面，云对太阳可以产生反射作用，将其中入射到云面的一部分太阳辐射反射回太空，减少气候系统获得的总入射能量，因而具有降温作用。另一方面，云能吸收云下地表和大气放射的长波辐射，同时其自身也放射热辐射，与温室气体的作用一样，能减少地面向空间的热量损失，从而使云下层温度增加。一般来说，低云以反射作用为主，常使地面降温；高云则以被毯效应为主，常使地面增暖，所以云的总反馈作用是正是负决定于以上两种作用哪一个占优势。气候变化对云（云量、云的面积和结构）的变化十分敏感。这也明显地影响着气候模式的敏感性。当云量有百分之几（如3%）的变化时就会对气候产生一定的影响，它所造成的净增温或降温可以与温室气体造成的增温值相当，甚至超过。因而云的反馈作用的计算明显地影响着全球变化数值的计算与预测。云的反馈作用是气候变化及其预测中最不确定的因子之一。

海洋的反馈 海洋的反馈作用是通过三个方面实现的。首先它是大气中水汽的主要来源，一旦温度变化，则通过海洋蒸发可以影响大气中水汽含量的变化，再进一步影响气候变化。第二，海洋的热容量很大，也就是说，要想使海洋温度升高，则它比大气升高同样的温度所需的热量要大得多。因而在气候系统的变化中，海洋变暖比大气慢得多，因而海洋很大的热惯性对大气变化的速度起着主要的控制与调节作用。第三，通过海洋内部的海洋环流（如大西洋热盐环流）可以输送热量，使热量在整个气候系统中重新分配。在大西洋地区中，这种海洋环流输送的热量非常大，例如在西北欧和冰岛之间，输入的热量与该地区在海表收到的太阳辐射相近。这也是为什么北欧地区冬季气温偏暖的主要原因。有人估计，一旦这种环流停止，则北欧的温度将比现在降低10℃左右，即会发生明显的气候变冷。

陆面反馈 陆面吸收的净辐射（净的太阳辐射与长波辐射之和），主要通过感热和潜热（蒸散、蒸发）通量又释放回大气中，可以直接影响地区性气温与湿度，以后又可影响气候系统的其他变量。如前所述，其中土壤水分的量值与植被状态基本上决定着地表接收到的净辐射的多少。因而陆面与大气的相互作用过程必须在气候模式中合理地加以考虑。特别要关注植被与陆地能量的联系、水与碳循环以及土地利用的变化等。

气候变化的检测和归因

前文已经阐述了近百年来全球气候变化是由自然的气候波动和人类活动的影响共同造成的，而最近 50 年气候变化则主要是由人类活动造成的。对于这个结论，人们自然会问，用什么方法能够识别出由人类活动引起的全球气候变化？这就是气候变化的检测和归因问题。在 IPCC 的 3 次评估报告中，随着研究方法的发展和改进以及事实的不断积累，对这个问题的认识逐步深入。第一次气候变化评估报告中（1990 年），认为近百年的气候变化可能是自然波动或人类活动或两者共同造成的。到第二次气候变化评估报告（1996 年）时，则明确地指出“越来越多的各种事实表明，人类活动的影响被觉察出来”。但是第二次气候变化评估报告也指出了许多因子的不确定性，包括内部变率、强迫的量级和分布等。这些都使当时无法得到“人类活动的影响更强有力”的结论。第三次气候变化评估报告（2001 年）的出版把气候变化的检测和归因工作大大推进了一步，得到了最近 50 年气候变化主要是由人类活动引起的这一重要结论（IPCC，2001）。

气候变化的检测与归因包括两个方面的含义。检测（detection）是证明一种观测到的变化，不能由自然变率解释，并且在统计上与自然变率有显著性差异的过程。归因（attribution）是以某种程度的可信度建立因果关系的过程，包括评估不同的假设。

气候变化的检测和归因是气候变化中一项十分重要的工作，但也是一项十分复杂和困难的工作。前面已经说明对人类活动造成的气候强迫变化的响应是叠加在自然的内部气候变率和外部强迫产生的气候变率之上。内部气候变率不是由外部的驱动力产生的，而是发生在气候系统内部。它表现为多时间尺度的气候变率，从几周到几百年，甚至几千年。气候系统中慢变的部分，如海洋在十年和百年尺度变率的形成上具有特别重要的意义,因为它们构成了高频气候变率的背景并且与快变部分相互作用。因此气候在没有外部影响下,能够产生具有相当量值的长时间尺度的内部变化。外部强迫的气候变化即气候信号可以由自然强迫因子的变化(如温室气体与气溶胶含量增加)造成。这种自然气候变率的存在意味着人类活动引起的气候变化的检测与归因问题实际上是一种统计上的"信噪比"问题,也就是说,检测研究应该显示出,一种观测到的变化从统计上是否高度异常,但这并不一定意味着我们对这种变化的原因已经有所了解。为了了解其原因要进行归因方面的研究,把气候变化归因于人类活动会涉及到统计分析和细致地分析多种证据,主要目的是阐明下述三点:

- 观测到的变化不可能完全由内部变率产生;
- 与模式计算的在已知人类与自然因子共同强迫后的响应要一致;
- 其他理论上可能有的对近代气候变化的解释(如纯粹的内部变率或纯粹的自然强迫气候变化)不可能用来解释这种观测到的变化。

通过上述三个方面的综合分析,最后我们才能得到所检测到的气候变化是否真正由人类活动引起。

关于气候变化的检测与归因研究最近十几年来得到了许多重要的结果。在 IPCC(1990)第一次评估报告中,得到全球平均地表温度在过去 100 年中增加了 0.3～0.6℃,这个增温值大致与考虑温室气体含量增加时气候模式得到的模拟值一致,但是仍然不能确定观测到的增暖全部或其一部分可能是由增强的温室效应造成,所以得不到明确的结论,其原因之一是模式预测的结果与观测之间不完全一致。这是由于当时气候模式正处于早期的发展阶段,各方面尚不完善。另外,也由于当时对自然变率和其他可能的人类活动对气候变化的作用认识不足。此外也缺乏适当的观测资料,尤其是特别长而可靠的时间序列。到 IPCC(1996)第二次评估报告出版之时，在识别人类活动对气候变化影响方面已取得了相当的进展。其中最显著的方面是气候模式开始包括了由人类活动产生的硫化物气溶胶和平流层臭氧变化的气候效应。其次是通过几百年的模式试验能够更好地确定气候系统的背景变率，即强迫因子不发生变化时的气候状态。这些为我们了解自然气候变率内部分量的特征提供了很有用的信息。第三方面的进展是使用了以分型为依据的方法。据此能够把观测到的气候变化的某些部分归因于人类活动(但应该指出在当时这种方法是很不成熟的)。如第二次评估报告指出，过去 100 年全球气候的变化趋势从起源上不可能完全是自然原因引起的。据此得到了现在已普遍知道的下列结论："目前我们定量确定人类活动对全球气候影响的能力是有限的，这是因为预期的人类活动产生的信号是出现在自然变率的噪声之上，并且在一些关键因子方面存在着不确定性。尽管如此，各种不同的证据显示，人类对全球气候的影响是可觉察出的。"

自从 IPCC 第二次评估报告出版之后，检测与归因研究又取得了明显的进展。首先确认了 20 世纪的变暖是很异常的。1995、1997 和 1998 年是全球仪器记录时期中最暖的。对全球和半球平均温度记录计算了观测取样误差的影响。对于卫星得到的温度记录(微波探测仪，MSU)的误差和不确定也有了更好的了解。关于 MSU 和气象中常规使用的无线电探空资料之间的差别问题已基本解决，人类从而可以了解对流层中下部的增温情况。利用各种气候资料重建了过去 1 000 年的温度变化序列，更有力地表明过去 100 年的温度变化不可能完全是自然原因造成的：

- 模式的模拟表明了这一点，因为模式关于自然内部气候变率的模拟结果与观测到的变暖并不一致。人类活动信号的检测结论对用于计算内部变率的各种模式并不敏感。这表明只用内部变率不能来解释近 100 年的增暖，即使模拟的内部变化的振幅增加 2 倍以上也是如此(图 3.9)

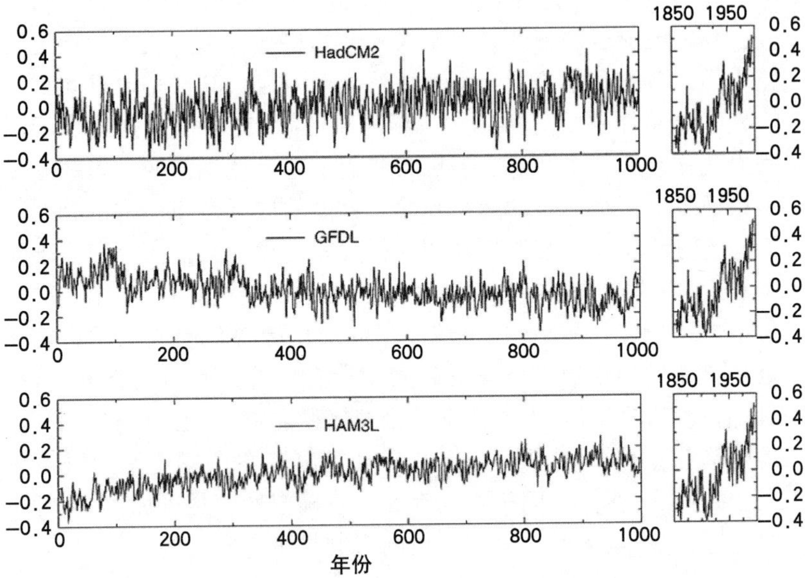

图 3.9 用 3 个不同的气候模式做出的全球地表气温距平的 1 000 年控制模拟(HadCM2,GFDLR15 和 ECHAM3/LSG)与最近仪器记录的比较
(没有一个模式的结果表明地表气温有与观测相同的趋势。如果在这些模式中内部变率是正确的,最近 100 年的增暖可能不是只由系统内部产生的变率造成)
(取自 IPCC,2001)

· 20 世纪后半期的增暖与气候系统的自然的外部强迫(太阳与火山)也不一致。人类在 20 年前才具有太阳辐射和火山强迫的准确测量,在这之前,这两项的强迫值不确定性较大,因为火山强迫只是依据很有限的一些测量,而太阳强迫则完全依据代用资料,在过去 20 或 40 年中这两项自然强迫的总趋势可能是较小的或为负值。因而不可能解释 20 世纪中以来全球变暖的增加率(见表 3.4)。由表可见,在 1961～1965 年,由火山爆发引起的平流层气溶胶时间演变造成的辐射强迫较强,但是在过去 40 年中,最强的强

迫出现在1991～1995年期间，它是温室气体的变化引起的。因而过去40年平流层气溶胶含量的时间演变与较小的太阳辐射强迫的变化表明，两者之和造成的自然强迫是负的。反之，温室气体造成的强迫是正的大值，并且在过去40年中量值迅速地增加。这就是为什么我们不能用外部的自然强迫因子解释最近40年全球变暖的原因。

IPCC(2001)第三次评估报告还揭示了垂直方向上大气温度分布型的实测变化与自然强迫不一致。在过去20～40年间火山活动的增加应使对流层冷却和平流增暖，但实际上，这一段时间内情况正好相反。图3.10说明了这种情况。该图首先说明，温室气体的增加导致了对流层的变暖和平流层的冷却(图3.10a)，平流层O_3的减少使冷却进一步加强(图3.10c)，尤其在平流层中高纬地区加上了人类活动产生的气溶胶的作用后，对流层温度减小，但对平流层并未有什么大的影响。当这三种作用都在模式中考虑后，得到了对流层增暖和平流层冷却的结果，这与观测和物理推理都是一致的。因而，这种垂直温度结构与由自然(内部与外部，包括火山爆发的影响)影响预期的结构截然不同，论证了后者不是造成温度垂直结构变化的主要原因。太阳辐射的变化可以说明某些平流层的冷却，但使平流层冷却的机制(如通过平流层O_3的变化)仍然是不清楚的。观测到的平流层水汽的增加也可能说明某些平流层的冷却。计算出的20世纪太阳辐射强迫的变化是非常小的，远比温室气体强迫要小得多。古资料也没有证据表明地面辐射变化的加强。只包括对自然强迫响应的数值模拟与气候观测记录相比较也不一致。因而不可能以自然强迫和内部变率解释仪器观测记录中的温度变化。

在排除了外部自然因子和内部变率是近百年温度变化的主要原因之后，根据前面所述的原则，则可以用模式模拟人类活动强迫因子的作用并考虑是否可以以此来解释实测的温度变化。结果表明，人类活动的因子确实可以解释20世纪的温度变化，所有的包

表 3.4　各种因子造成的辐射强迫一览表

（相对于 1750 年的 5 年平均的距平值）

（取自 IPCC，2001）

（单位：$W \cdot m^{-2}$）

时　　期	温室气体	平流层 O_3	对流层 O_3	硫化物	矿物燃料产生的有机碳气溶胶	矿物燃料产生的烟尘气溶胶	火山	太阳	太阳
1961～1965	1.14	0.00	0.17	−0.26	−0.05	0.14	−1.00	0.11	−0.07
1966～1970	1.27	0.00	0.20	−0.29	−0.06	0.14	−0.77	0.11	0.04
1971～1975	1.44	−0.01	0.22	−0.33	−0.07	0.15	−0.28	0.06	0.03
1976～1980	1.64	−0.04	0.25	−0.35	−0.08	0.16	−0.15	0.17	0.14
1981～1985	1.85	−0.07	0.28	−0.36	−0.09	0.19	−0.88	0.17	0.20
1986～1990	2.07	−0.11	0.31	−0.40	−0.10	0.20	−0.35	0.21	0.19
1991～1995	2.26	−0.14	0.34	0.40	−0.10	0.20	−1.42	0.18	0.18

注：最后两列关于太阳辐射强迫的值是由两位不同作者计算的。

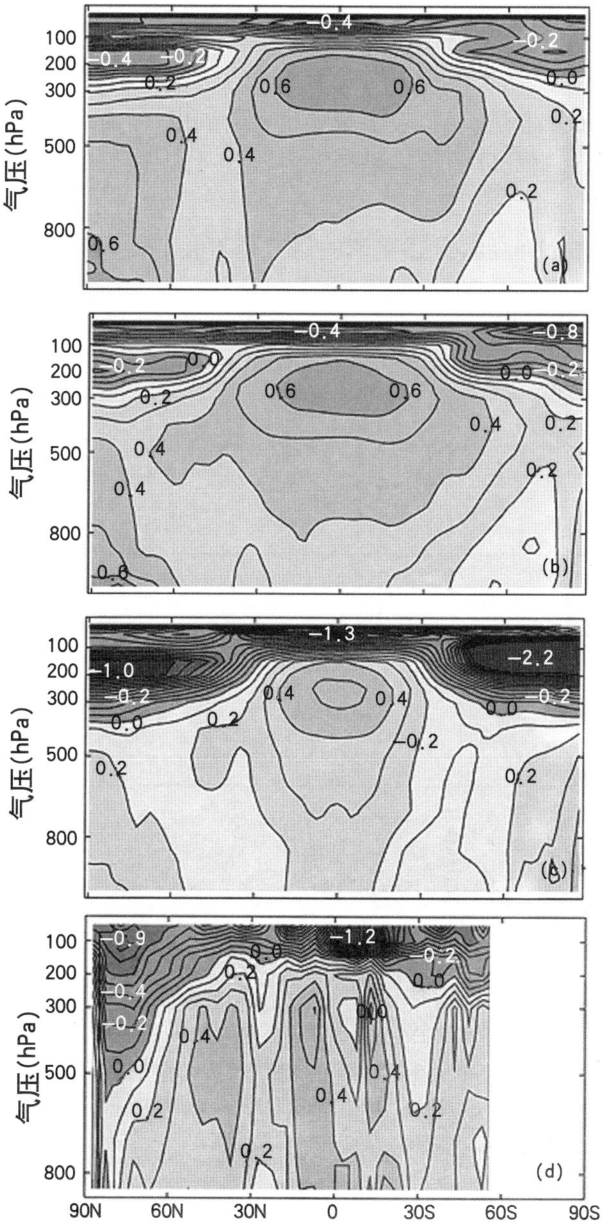

图 3.10　模拟的和观测的纬向平均温度变化纬度-高度剖面

(所有的信号定义为 1986～1995 年 10 年平均与 1961～1980 年 20 年平均的差)(a)只有 CO_2 增加(G);(b)同(a),但简单地包括硫化物气溶胶作用(GS);(c)同(b),但包括平流层 O_3 的实测变化(GSU);(d)实测的变化

(取自 IPCC,2001)

括人类活动因子(温室气体和硫化物气溶胶强迫)的模式得到的结果都从20世纪地面温度记录中检测出人类活动的明显作用。已经知道硫化物气溶胶的强迫是负的,趋于减少气候的响应,因而模式的结果实际上表明,温室气体的信号是很大的,至少比上两个信号之和要大(图3.11)。

最后,我们提出一个问题,上述检测的研究是否会把一种自然

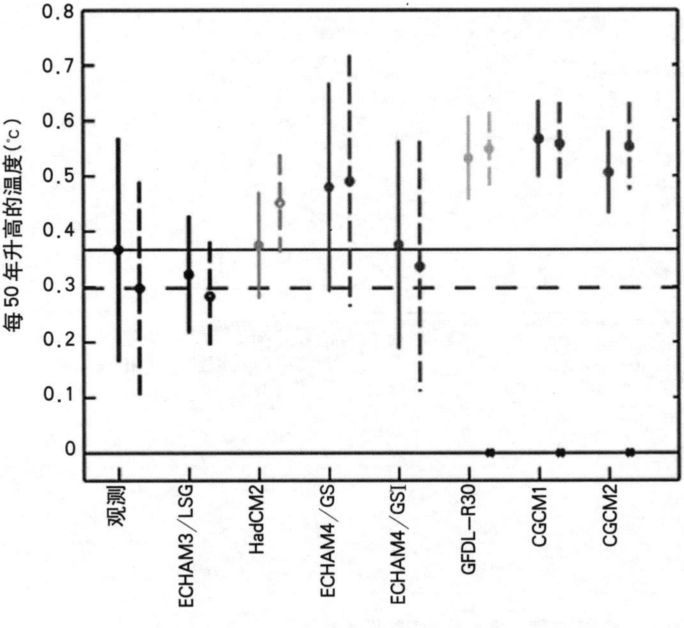

图3.11 不同模式模拟中人类活动信号(单一温室气体+硫化物气溶胶(GS))振幅的比较(对1949～1998年6、7、8月的趋势)

(图中的数值是对50年(1949～1998年)的偏差。结果表明,在1949～1998年实测的趋势分布中,显著的GS信号被检测出来,实测的信号振幅与模式模拟中得到的现代GS振幅一致。实线表示用ECHAM3/LSG指纹法计算的90%信度间隔,虚线是用HadCM2指纹法得到的90%信度间隔)

(取自IPCC,2001)

的信号错当成一种人类活动信号呢？这种可能性必须在检测研究的最后一步排除。从物理上考虑，已知在过去20世纪中自然强迫的整个趋势是小的，或为负值，因而不可能完全说明过去30～50年观测到的气候变暖，有些研究包括了三种或更多的因子，如包括了对温室气体、硫化物气溶胶和自然(太阳、火山或火山与太阳)强迫，它们都检测出在最近50年温室气体有显著的贡献，因而通过这些因子的同时比较，不可能把太阳活动信号完全错当做一种温室气体的响应。但是应该指出，最近20～40年，虽然自然因子的作用很小或为负值，不可能是气候变化的主要因子，但在20世纪初期的增暖中，可能起到了一定作用。近140年的仪器观测记录表明，在这期间有两个增暖期，一些研究对主要发生在20世纪头50年的第一增暖期进行了检测，发现太阳活动对地面温度的影响可能是重要的，而由温室气体增加产生的附加增暖较小。有些研究则指出，早期的增暖是由人类活动与高度异常的内部变率共同作用造成的。因而20世纪早期的增暖可能是自然的内部变率、太阳辐射的变化与某种人类活动影响共同造成的，而20世纪后半期的进一步增暖(第二增暖期)最可能是温室气体增加而致的显著增温造成，但其中一部分被气溶胶的冷却作用抵消。也许接近20世纪，自然因子也是产生冷却作用的。

气候变化的检测与归因有多种方法，如简单的指标(如全球平均地表温度)和序列法、型相关法、最佳指纹法等，但不论哪一种，它们对全球平均强迫或响应振幅的误差不应是敏感的。其中型相关法和最佳检测法(用一种或几种固定的分布型或时变的分布型)可用于对温度的检测。结果表明，它们对所研究的时空尺度是敏感的，几十年长的资料是必需的，这样才能从内部变率中把外强迫信号分离出来，从空间上讲，地面温度变化只有在5 000 km的量级上才可能被检测出来。归因研究可使用多信号技术，它们可以判别不同因子对气候的作用。应该指出，在检测与归因研究中，不论使用哪种方法，都有一定的优缺点。例如型相关法广泛地应用于气候变化的检测研究中。这种方法的要点是把考虑人类活动因子为主的模拟出的地表温度水平分布场之与实测场进行比较，如果两者十分接近并超过随机预期的程度，则可以认为人类活动的因子是造成气候变化的主要因子。这种方法简单，且对响应的空间分布振幅的误差不敏感。如果进行中心化的统计，则对全球平均响应也不敏感，它比以回归为依据的最佳检测方法在模式模拟的响应对取样误差更不敏感。实质上，型相关法的目的是利用大尺度响应分布的差，或“指纹”来区分气候变化的不同原因。但是型相关法度量的只是两个分布场间的相似性(除去或包括全球平均)。但有研究指出，在用型相关统计进行检测时，不应去掉全球平均，他们发现实测和模拟的全球平均有差别时，相关性可能会增加，但也有人认为，这恰恰是除去全球平均的原因。因而对于如何应用这种方法尚有不同的意见。在气候变化的检测与归因研究中，选择适当的方法是至关紧要的。

影响中国气候变化的主要因子

中国位于亚洲季风区，既深受季风活动的影响，同时又受到海洋(尤其是太平洋和印度洋)和复杂的大地形(如青藏高原)与陆面状态(如沙漠区)的影响。这些基本上都是自然因子的作用。与全球气候变化的原因相似，中国的气候也明显地受到人类活动因素的影响。这包括温室气体和硫化物气溶胶的影响、土地利用变化的影响等。由于温室气体与气溶胶的气候效应问题前面已有很多讨论，并且是一个全球性问题，这里就不再进行说明；对于它产生的区域气候效应只在适当的地方提及，不作专门的讨论。因而这里人类活动的影响主要集中在土地利用的变化方面。目前我们还不能确切地知道人类活动在造成整个中国的气候变化中有多大贡献，这需要进行仔细的气候变化检测与归因研究。

像全球气候变化一样，中国的气候变化从时间尺度上分为三类：

- 短期的气候变化，如月、季、年际尺度的变化。这主要是由自然因子的变化造成，特别是决定于气候系统的内部变率；
- 十年尺度或年代际变化，如中国的温度和降水表现出明显的年代际变化；
- 百年及百年以上时间尺度的变化。后两种时间尺度的气候都在不同程度上表现出人类活动的影响。

东亚季风

要了解中国气候变化的特点，必须先从亚洲季风及其影响下的中国气候的季节变化和季节过渡谈起。图 3.12 是亚洲季风区多年平均的雨量分布图。可以看到季风区有大范围的降水区。最强

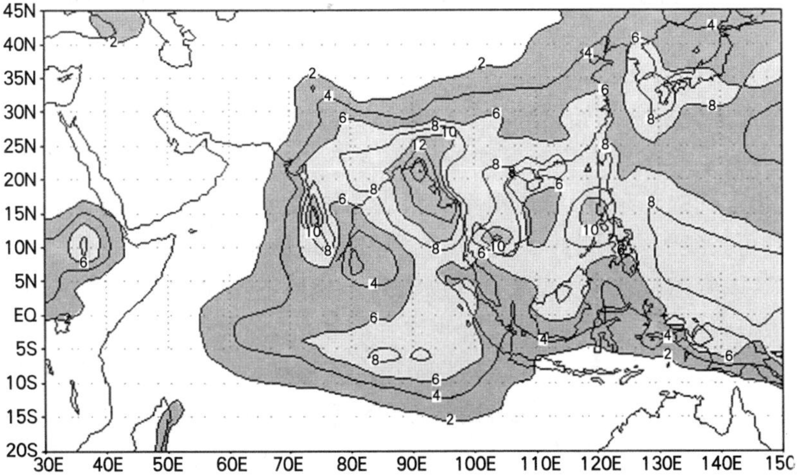

图 3.12　1979～2000 年 6～8 月亚洲地区平均降水场(单位：mm · d^{-1})
(取自丁一汇、孙颖，2002)

的降水区位于孟加拉湾地区，其次是印度半岛、中印半岛、菲律宾西岸和南海地区。这里是世界上雨量最多的地区之一。中国的降水量虽然在亚洲季风区不是最大的，但其年际的变化很大，因而明显地影响中国雨季所获雨量的多寡。并且，从大气环流的演变和季风的季节进退看，它具有明显的突变性和阶段性。这与同纬度气候区的美国明显不同。中国从冬到夏的过渡或雨季的来临是从南海夏季风爆发开始，平均在5月中旬（16～20日）前后，根据近年来国内外学者的研究，亚洲夏季风最早在南海或中印半岛爆发，这些地区冬季盛行的东北季风迅速地被西南季风代替。同时降水迅速地大量增加，由冬半年的干季转变为夏半年的湿季（雨季）。这时中国的华南地区进入了前汛期雨季的盛期。季风爆发之后分两条路线分别向西北和东北方向传播。经过一个多月的时间推进，西南季风控制了孟加拉湾地区、印度半岛及喜马拉雅山南麓等地区，印度季风全面爆发，南亚雨季到来。另一方面，随着西太平洋副高的第一次北跳（平均脊线从15°N跳到20°～25°N），在6月中旬，南海的夏季西南风迅速地推进到江淮地区，使华南前汛期雨季结束和江淮地区梅雨开始。相应地，日本的西部以及冲绳地区雨季也相继开始（也称梅雨）。梅雨是东亚季风区著名的雨季，中国历代的诗人（如宋代的苏东坡）对梅雨都有很生动的描述。梅雨在江淮地区一般可持续到7月上旬。这个期间，江淮地区很易发生持续性大暴雨，以致酿成水灾，其严重程度决定于梅雨的雨量大小、集中程度和梅雨期的长短。如果在鄂霍次克海和贝加尔湖以西地区有稳定的阻塞高压出现（尤其是下游鄂霍次克海地区），东亚的大范围环流形势非常稳定。西风带的气流（冷空气）在阻塞高压的作用下分成南、北两支，南支的气流向南可到达长江流域，不断地与那里南来的暖湿西南季风气流交绥，形成梅雨锋面，产生持续连绵的降雨，这时正处于黄梅季节，故有梅雨之称。但此时连绵的阴雨又使各种物件潮湿发霉，所以梅雨又称霉雨。如果阻塞高压持续很长的时间，副热带高压也极其稳定，则梅雨可持续一个月以上，甚至达两个月，如 1954 年、1991 年和 1998 年。在这种情况下，持续不断的暴雨降水可造成江淮流域的异常大洪水，给这些地区带来严重的经济和生命损失。因而梅雨汛期的预报，尤其是提前几个月的预报对于江淮流域防洪抗洪确保人民生命财产安全是十分重要的。7 月上中旬以后，随着西太平洋副热带高压的第二次北跳，夏季风继续北推，在 7 月下旬到达华北，以后再推进到东北地区，到达 45°N 地区，这可能是亚洲夏季风到达的最北地区。在这期间，约从 7 月上旬开始，在中国江淮流域梅雨结束后北推过程中，朝鲜半岛开始了雨季，在韩国也称梅雨(Changma)，所以东亚和东北亚地区诸国的雨季皆是季风在季节性北上过程中产生的独特的雨季。华北的雨季出现在 7 月下旬和 8 月上旬(所谓七下八上)。在这一个月左右的时间内，华北地区平均降下了全年 1/2 左右的雨水对于这个地区的水资源、农业等至关紧要。从 8 月下旬开始，由于西伯利亚冷空气的加强和南侵，季风开始撤退。在不到两周的时间内，夏季风可以从北方迅速地退至长江流域，在 9 月上旬回到南海北部地区，完成了夏季风一次南-北向的季节进退过程。由于夏季风在东亚地区的进退和强弱具有明显的年际变化，每年夏季风来临或爆发的早晚、进退的快慢、强弱大小皆不相同，这使主要季节雨带的时空分布、雨量大小很不相同。在弱季风年，季风北推不到华北和东北地区，常导致华北的干旱少雨和南方多雨。在强季风年，情况常常相反，在同一年之内，季风演变的不同阶段与气候平均状况也可能有很大差异。这些异常的行为都会导致中国旱涝的发生。中国所以是旱涝(尤其是持续性旱涝)多发生的国家，原因之一就是季风的变异十分明显。这也给季风及其雨量的气候预测带来很大的困难。目前中国的预报员根据季风演变过程中各种环流系统的统计关系，得到了比较有物理根据的预报规则，可以根据夏季风爆发的早晚与强弱来预测汛期中国主要季节雨带的位置和雨量异常情况(国家气候中心，1998)。例如发现，当南海季风爆发偏晚时，南亚和东亚的夏季风偏弱，副热带高压的位置常常偏南，夏季中国主要雨带位置偏南。反之雨带位置偏北。1998年是一个典型的例子。这一年1～8月亚洲季风皆偏弱，尤其是4、5、7、8月南海季风是1980年以来20年中最弱的。并且南海夏季风爆发日比常年偏晚一周左右(5月第5候)。因而该年副热带高压位置偏南，且十分稳定，从而使雨带主要位于长江及其以南地区。由于季风的爆发、活跃与中断以及撤退在很大程度上决定了中国夏季，甚至日本和韩国等国家的旱涝分布与灾害状况，因此季风的研究与预报历来得到中国、日本、韩国等国家气象学者的重视，他们进行了大量的研究，同时开展了不少大规模的季风科学试验(如中国1998年夏季进行的四大科学试验，亚洲季风区的能量与水循环试验等)，大大地推动了对季风形成和演变原因的了解，在此基础上明显地改进了季风及其降水的季节预报。

对于亚洲季风形成的原因，根据各种研究，可综合概括为四个方面(表3.5)。众所周知，季风形成的基本原因是海陆热力差异。夏季大陆温度高于海洋，陆地出现明显的上升气流，然后从高层流向海洋，并且下沉，气流又在低层从海洋吹向大陆，这种季风环流与大型的热力驱动的海陆风非常相像。亚洲大陆与太平洋和印度洋的海陆热力差异是亚洲季风产生的基本条件。大范围青藏高原的存在，作为一个抬高的热源和动力障碍对于亚洲季风有明显的作用，它使夏季风加强，冬季风也加强。世界上最强的冬季寒潮出现在东亚地区，这与青藏高原的大地形作用密切有关。另一方面，陆面过程也可以加强或减弱季风的强度。根据有些科学家的研究，这是通过陆地表面反照率的变化和土壤湿度的变化实现的。如果陆地，特别是高原具有更多的冰雪覆盖或由于陆面植被的变化使反照率增加，将使地表接受到的太阳辐射减少，地表的温度将下降，这使海陆温差减小，从而使降水减少，季风减弱。如果土壤湿度增加，地表的蒸发将增加，大气中的水汽源也将增加，从而导致更多的降水和较强的季风。如前所述，季风具有较强的年际变率，不少研究表明，这与厄尔尼诺事件有关联，即在厄尔尼诺事件发生的年份，亚洲季风常常减弱，降水减少。但最近十几年这种关系似乎有所变动，这给季风的长期预测带来困难。另外影响亚洲季风年际变化的还有高原和欧亚大陆的积雪覆盖状况。亚洲季风的年际变化问题是亚洲季风研究中的一个重要问题。目前还没有得到很好的解决。至于亚洲季风更长时期的变化，尤其是在近百年全球变暖的背景下亚洲季风作为它的一个部分会产生什么响应或变化尚不十分清楚。有科学家认为，季风在最近几十年出现了减弱趋势，但这尚需利用更准确的资料进行更多的研究来确定。

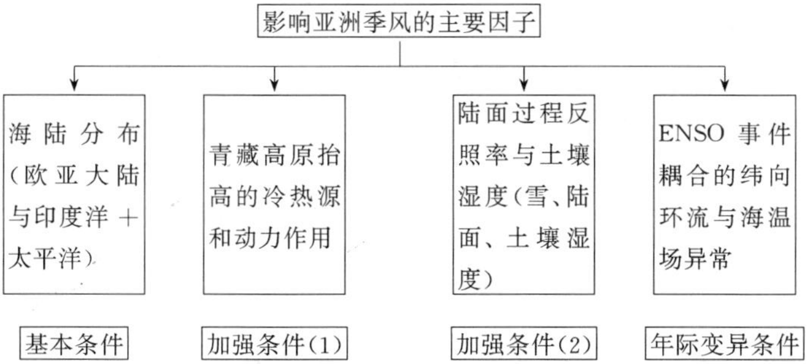

表 3.5　影响亚洲季风的主要因子

厄尔尼诺/拉尼娜

海洋对中国气候变化的影响主要表现在厄尔尼诺和拉尼娜事件对气候的影响方面。厄尔尼诺事件被认为是迄今科学家发现的最强的气候信号。厄尔尼诺事件是一种海洋现象，它表现为赤道中东太平洋海表温度的异常季节增幅，一般这个地区的海表温度从春季开始上升，到圣诞节前后达到最大值，以后逐渐减小。如果海表温度的增温值明显地高于多年平均值，则称做发生了一次厄尔尼诺事件。拉尼娜事件正好相反，主要表现为赤道中东太平洋的海表温度明显低于多年平均值。一般情况下，厄尔尼诺事件 2～7 年出现一次，但 20 世纪 80 年代以后，在全球气候变化的影响下，厄尔尼诺事件发生的频率与强度呈增加趋势，如 90 年代就出现了 4

次厄尔尼诺事件，并且1997～1998年的一次至少是50年来最强的，其最高海表温度距平在4℃以上。厄尔尼诺事件发生后，由于海洋表层水温上升，通过向大气释放大量的感热和潜热使大气环流和世界各地的天气气候异常，从而造成重大的社会、经济损失。如厄尔尼诺事件发生时，东太平洋对流活动和上升运动加强，地面气压降低，反之在印尼、澳大利亚、印度等大范围地区气压升高（通过沃克环流的作用，这种环流是沿赤道东-西方向由海表温度差异引起的热力环流圈，海温偏高地区气流上升，海温偏低地区气流下沉），对流受到抑制，降水明显减少，因而常发生干旱现象。厄尔尼诺事件对中国气候的影响一直是中国气象和海洋学家关心的重要问题。国际上对这方面的了解甚少。许多研究表明，在厄尔尼诺发生发展的当年春夏期间，中国的降水异常并不十分明显，没有表现出一致的异常分布型。但在厄尔尼诺事件发生的次年，则出现明显的影响，中国的异常降水区南移，主要出现在长江和长江以南地区（图3.13，见彩图）

1998年是1997年强厄尔尼诺事件出现的第二年，这一年夏季6～8月长江流域发生了全流域的大洪水，其异常降水分布与上述关系相当一致，因而1998年夏季长江大洪水与厄尔尼诺事件是有密切关系的。拉尼娜事件发生后，雨带常常偏北，位于黄淮或华北地区。

厄尔尼诺事件对中国的温度分布也有明显的影响，即造成凉夏暖冬的异常气候条件。在东北地区常常带来冷夏，给该地区的农业生产造成明显影响。但这种冷夏的趋势在20世纪80年代～90年代渐趋不明显，现在还不清楚为什么会发生这种年代际变化。在拉尼娜年，中国的气候异常常常相反，容易出现冷冬热夏的温度分布（国家气候中心，1998），自1951年以来的拉尼娜事件中，70%以上的年份是冷冬，由于全球气候变暖的影响，近20年拉尼娜事件发生的频率和强度在减少，它们对冷冬的影响也在减弱，已不是决定冬季是否冷冬或暖冬的主要因子。

除了厄尔尼诺/拉尼娜事件对中国的气候异常有明显的影响外，西太平洋暖池（一般指位于菲律宾以东海表温度最高的海区）对于中国的气候异常也有重要影响。根据国内外的有关研究发现，如果暖池海表温度偏高，则对流容易发展，地面气压偏低，低压槽发展，副热带高压位置常常偏北，这种情况下，雨带也常常偏北。反之，副热带高压常常偏南，雨带位置也相应偏南。另外，近年来，人们注意到，除太平洋海温以外，还发现印度洋地区的海温也能在不同程度上影响印度和中国地区的气候异常，并且不同的海温分布型（如偶极子型海温分布），其影响的地区和强度也不相同，这方面的研究已日益引起人们的关注。

青藏高原

青藏高原大地形对中国气候的形成及其变迁具有非常重要的影响。在几百万年以前的地质年代，随着青藏高原的多次隆升，中国的气候状况发生了重大的变化，总体上讲，由西风带气候逐渐转为季风气候。大约到距今十几万年，当高原的海拔上升到 4～4.5 km 的时候，与目前相同的现代气候格局才稳定下来（秦大河等，2002）。这些问题这里不再详述，有兴趣的读者可参看《中国西部环境演变评估》第一卷第五章。这里主要说明青藏高原在现代气候变化中的作用。前面已经阐述了青藏高原在亚洲季风形成和演变中的作用，这里重点说明青藏高原的热力和动力作用及其对中国天气和气候的影响。青藏高原作为一个耸立于大气中的 4～5 km 高的大尺度地形，对于周围大气而言是一个抬高的热源。它可以不断地向其上的大气输入热量。从而影响其周围地区的大气环流、温度、降水和水汽场等。我国气象学者对此进行了大量研究。青藏高原的热力作用是最根本的，通过这种作用，青藏高原上空高层在夏半年发展出一个强大的南亚反气旋，也称青藏高压，其低层是一个低压系统。青藏高压是夏季北半球的主要活动中心，它的生成与维持在很大程度上与高原及其邻近地区的热源作用有关。根据中国学者的研究，青藏高压与我国长江流域的降水有关。当青藏高压中心位于 90°E 以东(东部型)，长江中下游地区少雨；当青藏高压中心位于 90°E 以西(西部型)，长江中下游多雨。青藏高原的作用也影响高原及其周围地区的经圈环流。冬季通过高原地区和东亚的哈得莱环流圈(低纬暖空气上升，中纬冷空气下沉的热力直接环流圈)非常显著，一直向北伸展到 30°N 左右，这是由于冬季青藏高原上空的大气是冷源(这与前述的青藏高原地表面一年四季都是热源的情况不同，对大气而言，冬季是冷源，夏季是热源)的缘故。在高原大气强烈冷却作用下，空气的下沉运动加强，从而加强了原已存在的哈得莱环流的下沉支。夏季青藏高原是一个巨大的热源，高原上空以上升运动为主。大量对流云在高原上发生发展，这种强上升运动不但抵消了哈得莱环流的下沉支，并转变为上升气流，北支上升气流可达 40°～45°N，其结果形成一个与哈得莱经圈环流方向相反的巨大季风环流圈。这在北半求的其他地区是不存在的。在这里，空气从高原以南向高原汇合，然后上升，在高空再返回赤道地区，并下沉。青藏高原对大气加热的作用，使亚洲大气环流从冬到春的过渡具有突变的性质，这是由于高原对大气的感热加热在 4～6 月 3 个月中最强，受到热源作用的高原上空大气迅速增暖，从而改变高原南、北两侧的温度梯度，高原附近的流场也随之有相应的显著变化。这种变化在 50 多年前已为我国和外国学者指出过。他们发现，副热带西风急流突然从高原南侧跳到高原北侧，与此同时，对流层上部的青藏高压移到青藏高原，东风急流在高原以南建立；与此同时，西南夏季风爆发，这使印度西岸季风雨开始出现，在我国的长江流域和日本梅雨季同时来临。

青藏高原大地形的动力作用是青藏高原地形影响的另一个重要问题，它关系到东亚西风急流的形成、东亚大槽的形成等问题。所谓大地形动力作用包含三个主要内容：第一是纯粹由机械阻挡气流引起的，这可以认为是纯粹的动力作用；第二是地形造成的抬高的冷热源引起的，这实际上可归为热力作用；第三是由大地形造成摩擦分布不均匀而引起的。这里只讨论第一种纯动力作用。

当气流被山脉阻挡后，它可以爬越山脉，也可以绕过它。这两种动力作用是不同的。根据国内数值试验的研究，夏季青藏高原纯动力的影响主要表现在对气流分支的绕流作用。35°N 以北两槽一脊的平均形势、东亚槽的强度和位置、高原上的低压系统以及其北侧的高压带都与绕流作用有密切的关系。爬坡作用是次要的，但它对副热带高压的断裂可能有较大的贡献。在冬季，在 40°N 以南高压所在的纬度带内，流场受地形影响是明显的。在高原主体部分，流场上表现为明显的反气旋弯曲，形成槽区。高原东侧的槽是移动性的，并且这种槽的移动与高原东北部西北气流中新生的低槽发展有关。这有些类似于东亚大槽的发展过程。南支槽也被模拟出来，它主要是绕流作用的贡献，而高原西部的反气旋环流看起来像是绕流和爬流两者非线性相互作用的结果。

最后可以把冬夏地形动力作用的差别作一比较：

- 高原地形的动力作用对于冬夏环流的影响是不同的。在夏季，高原的动力作用对其北侧的高压带有重要作用和影响。高原上的低压带看来与动力作用也有关系。在冬季，高原上的高压脊、拉萨的温度脊等系统与动力作用也有密切的关系。与气候平均相比，冬季的模拟结果比夏季的更符合实际。可见冬季高原的动力作用应比夏季更为重要。而夏季高原的影响可能主要表现在热力作用上；
- 在夏季，高原的作用主要表现在对气流的绕流作用上，而在冬季，高原的作用在爬流和绕流两个方面都较重要。这表现为弱气流流过高原时，以绕为主，强气流通过高原时，爬也很重要；
- 高原的动力作用无论在冬夏在高原地区总是主要表现在对流层中、下部，但高原作为一个整体对大气产生的动力影响可以向上传播得非常高。

在中国科学院大气物理研究所的流体动力学转盘试验中，高原大地形的动力作用也被模拟出来。在纯西风流场的实验中，发现在下层(相当于 850 hPa 层)青藏高原对西风有明显的分支作用，分支点在高原西侧，合流点在高原的东北。这种作用迅速向上减弱，到了中层，已不显著。另外，由于青藏高原地形的存在，在中下层，在高原上游和下游分别形成一个弱槽。在中层高原附近气流速度开始减小，另外还略有阻塞现象，但是不如下层的明显。这些结果与数值模拟结果是相似的。

除了高原作为大地形产生明显的热力和动力作用之外，青藏高原本身的陆面状况和陆面过程对中国的气候变化也有重要影响。前面已经谈到高原的陆面过程是怎样通过一种内部的反馈机制影响亚洲季风的，这里我们进一步指出，青藏高原冬春积雪与我国夏季降水和环流系统强度也有很好的相关关系(国家气候中心，1998)。由图 3.14(见彩图)可见，高原冬季(12～2 月)积雪日数与中国夏季降水有很好的相关关系，正相关位于长江中上游和黄河上游的部分地区。这表明青藏高原冬季积雪多，则夏季长江中上游一带降水偏多；反之，高原冬季积雪少，则夏季长江中上游降水偏少。1997 年 12 月至 1998 年 2 月，青藏高原大部地区降雪异常偏多，出现了历史上罕见的大雪灾，致使青藏高原积雪异常偏多，根据上述正相关关系，1998 年夏季长江流域应多雨，这与实况是完全一致的。为什么冬春高原的积雪多寡能影响以后夏季中国的降水异常呢？从前面所述的辐射和积雪反馈作用的理论很容易理解这一点。当高原积雪多且范围大时，雪面的反照率增大，短波辐射的反射增强，高原接受到的太阳辐射则减少，高原作为一个庞大的热源的热力作用也减弱。这使海陆温差减小，从而使亚洲季风减弱，导致东亚的降雨带偏南。

人类活动

人类活动对中国气候变化的影响已受到中国科学家的关注，前面已详细说明了由人类活动引起的温室气体和气溶胶排放的增加造成的全球气候变化。中国作为一个地区，对这种全球变化产生了明显的响应。这一点在后面还要详细说明，这里不再作讨论。我们将集中说明另一种重要的人类活动即土地利用的变化，尤其是植被覆盖的变化对中国及其生态环境变化的影响。我们首先从历史的角度来说明我国土地利用的变化情况（秦大河等，2002），有了这些知识后，可为理解将要说明的植被覆盖变化的气候与生态环境效应提供很有用的背景知识。

首先我们说明人口增长和农耕区扩大对天然植被的影响。根据秦大河等（2002）的研究，人口增长和农耕区扩大对天然植被的影响可追溯到距今2 000年前。西周时期，我国农耕区主要集中在淮河以北、黄河中下游的狭窄地带。秦始皇统一中国后，传统农业以黄河流域为中心扩展到其他地区。隋唐以后，大规模的人类活动更是波及全国。与农田扩张伴随而来的是天然植被和地表水体的破坏。宋代以后，梯田法广为采用，山地开发速度加快。明朝十分重视屯垦，大规模的开发活动从最西南的云南到北部长城沿线，使自然植被遭到进一步破坏。1840年，中国人口突破4亿大关。1858年，清政府正式宣布移民充实边疆、开垦荒地的政策，农耕区越过长城进入内蒙古，并向东北、西南和北疆发展，几乎干扰和破坏了我国全部天然森林覆盖区和北方的部分草原。近2 000年人类活动的影响使我国森林覆盖率由原始状况的64%下降到清代初期的21%左右，到20世纪中期更下降到8.6%。其中西部地区的森林覆盖率由原始状况的30%左右下降到目前的8.68%。

另一个重要问题是黄土高原土地利用对天然植被的影响。黄土高原是人类活动影响环境变化的一个典型例子。科学家根据黄土沉积及其环境纪录以及对孢粉的分析结果推断，先秦时期黄土高原的森林覆盖大致在30%。战国后，农业民族开始向黄土高原北部和西部推进。西汉时期，黄土高原人口达112.8万，占全国人口的19.6%。隋唐时期黄土高原的人口已发展到占全国人口的25.4%，明清时期又从1 515.7万猛增到4 100.2万。大规模的移民和开垦不仅在黄土高原内部，还使长城以北草原地区的植被遭到破坏，以致于到清代后期原来由灌丛草原为主组成的天然植被失去了明显的连片地带性分布。人口上升和天然植被破坏加剧导致黄土高原土壤侵蚀率不断上升。据科学家估算，黄河中游土壤侵蚀自然背景值为每年 6.5 亿～10 亿 t，平均由公元前的 10.75 亿 t 增至 1855 年的 13.3 亿 t，1949 年的 16.8 亿 t，1987 年的 72.3 亿 t。扣除自然侵蚀率后，认为侵蚀率由 6.7%增加到 24.8%。这些数字足以证明近 2 000 年来人类活动对黄土高原土壤侵蚀的影响是多么巨大。

全新世中期，西南地区森林覆盖率大约为 80%。秦汉至两晋，长江上、中游地区掀起了第一次农业垦殖高潮。至汉末，森林覆盖率减至 70%～75%左右。自 16 世纪适合山地种植的玉米、花生、甘薯、马铃薯等旱地作物传入我国并普遍推广后，推动了西南浅山和旱地、山坡地、丘陵地的进一步开发。清末大规模开发性质的移民更是极大地破坏了明、清代以森林为主的生态系统，使长江中上游地区森林覆盖率骤减。20 世纪 50 年代，由于政策失误和盲目开采，长江中上游地区森林再次遭到明清以来最为严重的损耗。至 20 世纪 80 年代，长江三峡地区森林覆盖率已降至 10%～15%，宜宾市以上的金沙江、大渡河两岸森林也所剩无几。森林覆盖度下降造成大面积生态恶化。目前长江上游水土流失面积已达 35.5 万 km^2，占全国水土流失总面积的 62.6%，年土壤侵蚀率达 1.57 亿 t，泥沙含量已居世界第四位。

西北干旱区的土地开发对生态环境的影响突出表现为湖泊湿地的退化。20 世纪 50 年代初，新疆有 150 多个面积大于 1 km^2 的湖泊，总面积 9 000 km^2。由于人类活动使大量河水消耗在支流和上、中游地区，造成下游水量剧减或断流，致使终端湖泊发生了很大变化。其中最典型的例子是罗布泊的干枯。科学家根据湖相沉积和湖岸线推断，历史上罗布泊的湖水面积最大时曾达到 53 501 km^2，入湖水量达到 84.3 亿 m^3。清代中期以来，由于人类活动加剧，塔里木河下游水量大幅度减少。20 世纪初，塔里木盆地人口增至 150 万，耕地达 60 万 hm^2。1962 年，罗布泊面积缩小至 660 km^2，至 1972 年全部干涸。

近 50 年土地利用变化及其对生态环境的影响又如何呢？

中国的科学家对此做了大量研究，他们指出（秦大河等，2002 年），在中国西部，近 50 年草场面积大幅度减少，耕地面积扩大，居住及工矿用地成倍增长。土地利用结构的变化导致草场退化、沙漠化、土地盐渍化以及城乡环境恶化等一系列严重的环境问题。草场退化使西部原占全国 97.83%的牧草地面积逐年缩小，1/3 的草场质量退化。城镇化加快造成的工业废弃物与生活垃圾污染了空气、河流与土地。为了说明上述问题，科学家选择耕地与沙漠化同时增长的塔里木河流域与沙漠得到逆转的榆林地区专门进行了分析。结果说明：人为改变土地利用可使气候与生态环境恶化，但积极的防御和补救措施又能够在发展经济的同时，使气候与环境得到保护。

塔里木盆地的人工绿洲面积共 5.212 万 km^2，其中历史时期形成的占 3.478 万 km^2，近代形成的占 1.74 万 km^2。历史时期形成的沙漠占全部沙漠的 66.7%，现代形成的占 33.3%。塔里木地区绿洲与沙漠并存，且同时增长，两者的变化主要由人类活动造成。人类在上游增加耕地的开垦，使上游截流的水量持续增长，由此造成下游断流、河床干涸、大面积沙化，对绿洲构成严重威胁。在干旱区，水源是绿洲与所有生态系统存在的基础。近年来由河源进入盆地的年径流量虽有明显增加的趋势，但由于耕地面积增长、上中游耗水量增加，下游来水逐渐减少，以至于干涸、断流。沙漠随之扩展，生态环境极度恶化。与塔里木河流域形成鲜明对比的是陕西榆林地区。榆林地区位于半干旱区草原向荒漠草原的过渡带。由于近代过度耕垦，使毛乌素沙地活化，成为土地沙漠化的典型例证。20 世纪 50 年代以来，榆林地区开始治沙，取得显著成绩。目前，沙丘已被树木覆盖，林地覆盖率已由 1949 年的 1%上升到

1991年的59.2%。近30年流沙面积减少了6%。这说明,人类社会经济活动对土地利用与土地覆盖变化具有极大的作用。

科学家对人类活动的深入研究给了我们许多可供借鉴的历史经验。例如科学家根据考古遗址的分布地域和对出土文物的分析认为,在中国西部,如今被流沙覆盖的鄂尔多斯高原的一些地区历史上曾有森林生长。秦汉时期大规模的军民迁入使这一地区原来广袤的森林草原变为农田和村庄。秦汉以后,这里又经历了多次开发,隋唐时期农牧业的发展,以及清代以来农垦的兴盛均导致自然环境进一步恶化。

根据上述由人类活动造成的中国植被变化的历史演变,中国科学家对于植被覆盖变化对我国区域气候的影响进行了很多研究,得到了有益的结果。前面已经指出,气候状况和陆地表面的植被覆盖状况共同存在于一个动态系统中。气候状况支配着陆地表面植被类型的分布,而陆面植被状况的改变又对气候产生反馈作用。关于植被变化对中国气候变化影响的研究地区主要集中在一些气候的敏感地区,其中之一是沙漠区。例如在中国西部,人口增长、森林砍伐、过度开垦和放牧使生态环境受到严重的破坏,加剧了沙漠化。这将引起怎样的气候效应呢?科学家采用数值模拟方法进行了敏感性试验。在模式中,科学家将我国非沙漠地区变成沙漠区。模拟结果表明,沙漠化后大陆地表温度降低,但长江以南较常年温度偏高;海平面气压上升,降雨量减少,但华南冬季降雪量比常年偏大。大陆沙漠化还使低层大气水汽含量降低,地面蒸发量加大,感热、潜热通量显著减少。如果将我国的沙漠变为绿洲,情况又将如何呢?科学家又在模式中将我国西北和内蒙古现有的沙漠全部覆盖,使之变成绿洲,做了同样的敏感性试验。结果表明:绿化后,大陆地表温度在东部沿海地区略有下降,其余地区温度升高,海平面气压下降,大陆纬向风速度减弱,但云贵高原至台北一线以南,以及东北东部的局部地区风速略有增加。大陆降水量增加。夏季除北方、西北绿化区降水增加外,长江流域及其以南地区降水量显著减少。这种降水量的调整对于抑制我国长江流域及其以南地区洪涝灾害发生十分有利。绿化还使我国冬季降雪量增加，大陆上空水汽含量增多，地表蒸发量加大，感热和潜热通量增加。

上述敏感性试验告诉我们，陆地表面植被的破坏不仅损害生态环境，而且可能通过减小降水量和水汽含量加大地表蒸发和低空风速，导致气候和环境愈加恶化。而绿化则可改善气候和环境条件。

内蒙古高原处于湿润季风区与内陆干旱区的过渡气候带。在过去 40 年，这一过渡带明显向东南移动的事实，反映了在这一时期温度和降水的变化。研究认为，这一地区草原退化甚至荒漠化后导致地表温度增加，降水和蒸发减少，这与国外在荒漠化方面的研究结果一致。也有人认为，北方草原沙漠化与南方森林退化的共同影响，可能导致江淮流域洪涝灾害增多以及华北干旱的加剧，严重的植被退化导致降水和植被退化间的正反馈，使退化区不断向外扩展而使植被难以恢复。

前面已经指出，西北干旱、半干旱地区不合理的土地利用方式，不仅使森林、牧场和耕地受到严重破坏，而且直接受到干旱和沙漠化的威胁。研究表明，西北地区大范围植被变化能影响地表温度、流场、夏季风强度及降水分布，植被扩大有利于季风偏强偏北，使我国大部地区降水增多。也有研究认为，西部沙漠地区植被变化只能改变环流系统的强弱，下垫面为草原时，试验区的上升气流增强，从而削弱了高原与沙漠间的热力环流；同时，地表温度上升，上层空气湿度增大，地形热力环流减弱，使得高原上降水减少，华北地区降水略有增多。

植被类型及覆盖面积都将影响我国夏季风的强弱，植被退化可以减弱亚洲季风环流，使南涝北旱现象更加严重（最近国外有研究指出，由人类活动导致的大气烟尘气溶胶的大量排放也可造成南涝北旱的异常降水型，甚至南亚季风区的干旱）；而大范围植被扩大使东亚夏季风增强，有利于大量暖湿空气从海洋向内陆干旱半干旱区输送,使这些地区降水增多,土壤湿度增大,明显地改善区域生态环境。这对于我国这样一个典型季风气候的国家来说尤其要重点关注。

环境演变是自然变率和人类活动共同作用的结果,但人类活动是可以控制的,榆林地区就是一个很好的例证。因而,正在中国西部实施的退耕还林还草计划是西部开发战略中具有深远意义的举措之一。当然,这一计划的后续措施应该是农村经济的发展和帮助农民找到致富途径。否则,还林还草的农田随时有可能被复垦。

第四章

怎样预测未来气候系统的变化

前面已经详细叙述了过去和现在气候系统变化的事实与原因。目前更为重要的问题是未来的气候将怎样变化?全球变暖将会继续下去吗? 如果是,会延续多少年? 它对未来的气候系统会有什么显著的影响?要回答这些问题必须依靠气候变化和气候系统变化的预测。

根据预测的时间长度和准确程度,预测问题大致可分为三种情况:

- 预报(forecast or prediction),主要是指 1～3 天的短期和 4～7 天的中期天气预报,以及月、季、年际短期气候预报。
- 预测(projection),其预测时间长度在几十年到上百年以上,如人类活动对气候变化和生态环境变化的影响预测问题。在预测中对未来假设了诸多可能发生的条件,又称气候情景。
- 趋势分析和统计预报,在过去和现在预测资料分析的基础上进行综合,找出规律性的东西。以此为基础,采用统计方法推测未来可能出现的情景,推断可能的变化趋势和方向。

中短期天气预报与气候预测无论从原理、方法和准确性上都有明显差别。天气预报现在主要依据数值模式。天气预报的时效较短，一般只需要考虑大气圈本身的变化，因而使用的主要是大气模式，其预报准确率较高；气候预测由于预报对象是整个气候系统并且从月到几百年或上千年，必须使用能描述整个气候系统演变的多圈层耦合气候模式，至少是海-陆-气耦合模式。这是一种十分复杂的数值预报模式。另外也用数理统计方法进行气候预测。应该指出，气候预测实际上是预测气候系统对温室气体和气溶胶的排放或浓度情景（设想）或辐射强迫情景的响应，是在各种可能发生的假设情况下做出的，因而严格说来不是预报或预测，而只是告诉未来可能的变化趋势与变化范围。因而准确性与天气预报相比一般较低，不确定性较大。

气候预测模式

IPCC 的模式预测结果

气候长期（10 年或 100 年尺度）变化趋势的预测目前已成为世界各国政府和科学界关心的热点问题。IPCC 先后编写了 3 次气候变化科学评估报告和 1 次补充报告（1990，1992，1996，2001），并根据不同温室气体排放构想，利用气候模式对未来 50～100 年气候长期变化趋势作了预测，这是近 50 年来主要的国际性长期气候预测结果。

IPCC 第一次评估报告（1990）采用了不同复杂程度的大气-海洋-陆面耦合模式（CGCM）来进行未来气候变化的预测，主要研究大气 CO_2 加倍情况下平衡态（即突然把 CO_2 含量增加到工业化之前的 2 倍，然后积分到平衡态）的模拟结果，包括气候变化的全球和区域特征。结果表明，未来 50～100 年全球平均增温 1.5～3.5℃。1992 年 IPCC 又编写了第一次评估报告的补充报告，进一步给出了 4 个海气耦合模式(AOGCM)在 CO_2 以每年增加 1%、在第 70 年左右加倍的瞬变态模拟结果。所预测的全球平均增温值比平衡态模拟略有减少。

IPCC 第二次评估报告(SAR)使用了更为广泛的全球耦合气候模式,CO_2 以每年 1%的量值增加,直到达到工业化之前的 2 倍值(IPCC,1996)。其中 2 个全球耦合模式包括了硫化物气溶胶的直接影响,并使用了新设计的排放情景(IS92)。在 CO_2 增温效应和气溶胶冷却效应的直接影响下,对 20 世纪和 21 世纪气候变化进行了模拟和预测。这是气候模式第一次在 20 世纪较真实强迫情况下运行,并直接比较模拟结果与观测实况。结果发现,由 CO_2 的增温作用和硫化物气溶胶的冷却作用所造成的全球平均增暖的时间变化与 20 世纪气候变化特征的观测结果更为吻合。两个模式的结果都得到,相对于 20 世纪 90 年代,21 世纪中期增暖是 1.5℃左右。为了更全面地分析强迫情景的范围和气候敏感性的不确定性(定义为由于 CO_2 加倍,平衡态全球平均表面气温增加),使用了一个简单气候模式。低排放和低敏感性相结合、高排放和高敏感性相结合给出 2100 年简单模式中增暖的极值范围为 1～4.5℃。当加入 IS92 排放情景中给定的人为气溶胶未来变化的可能影响后,简单模式做出了 1～3.5℃的较低温度变化的预测。

IPCC 第三次评估报告中采用了新的排放情景(SRES A1,A2,B1,B2),利用改进的和更复杂的海气耦合模式和简化的海气耦合模式重新对未来 100 年气候变化进行了预测。结果表明,地表温度变化范围为 1.4～5.8℃。在这次评估中共使用了约 20 个 AOGCM,由于减少了模式预测中的不确定性,使得我们对预测 21 世纪可能的气候变化的能力更加有信心。

综上所述,全球气候变化的数值模拟包括了 CO_2 浓度增加和硫化物气溶胶的共同作用,同时使用了平衡态和瞬变态的模拟方法,也使用了复杂的海陆气耦合模式和简化的气候模式。虽然模拟结果相互间有一定差别,但都一致肯定了未来 50～100 年全球平均气温呈增加趋势，只是增加的量值和区域分布特征随模式的不同而有一定的差异。

气候模式中的主要物理过程

在过去25年中，气候模式得到了迅速的发展。气候模式是根据一套数学方程描述的物理定律与过程建立的。模式的范围一般是全球的，高度从陆面或海洋底层直到平流层(50 km左右)。利用高速电子计算机可以求解这种全球三维气候模式。为了能够模拟过去的气候和预测未来的气候变化，气候模式中必须包括能描述气候系统中各部分的圈层模式及相关的重要过程，然后通过一定的方式把它们耦合在一起成为复杂的多圈层耦合模式。这已成为预测全球气候变化的主要工具。其中最常用的全球模式是把大气与海洋耦合在一起的海气耦合模式(AOGCM)。它包括大气模式、海洋模式、海冰模式等部分。大气与海洋模式主要由描述动量(风或海流)、热量、水汽等变量大尺度演变的一套方程组构成，方程的求解是在全球的网格点上进行的。目前大气模式的网格点水平格点之间的距离，即水平分辨率平均为250 km，边界层分辨率为200～400 m。在如此大量的格点上求解多种大气与海洋要素需要在巨型高速计算机上进行，它的浮点运算速度一般在每秒10^{12}次以上。模式一般每半小时积分1次，1次运算则需要积分几十年到上千年。因而气候模式的预测不仅依赖于模式本身的设计水平，而且与计算机技术的发展密切相关。

气候模式的设计包括三个重要的方面(Houghton，2001)：

- 如何在气候模式中包括和表征气候系统和许多重要的物理过程；
- 如何把各圈层的模式或物理过程有机地组合集成在一个庞大的气候模式中，这就是所谓的耦合技术或方法；
- 为了对未来几十年或近百年的气候变化做出预测，必须知道未来全球范围温室气体和硫化物气溶胶的排放情景，依据不同的情景，可以预测未来不同的气候变化。

气候模式中必须考虑以下物理过程：

能量与水循环过程　这包括水汽蒸发、凝结和平流及其空间分布，水汽的反馈作用以及能量（主要是辐射加热与冷却，凝结加热等）的收支和分布等。上述过程在天气预报模式中已被仔细地考虑，在气候模式中将更为关注对其反馈作用和循环过程的描写。

云与云-辐射过程　虽然这在天气预报模式中已有很好的研究和表征，但在气候模式中作了更多的改进，因为这个过程对于气候预测的结果是至关紧要的。由于云的空间尺度（一般几千米到一二十千米）比网格点间的尺度要小得多，因而在模式中很难直接表示单个云体的生命史及其作用。所以在模式中一般以比较简单的方法表示众多云体的平均或集合效应，这种方法叫云参数化方法。它是积云的平均或集合效应近似地表示为大尺度（网格点）变量的函数。由于大尺度变量在模式中是可以预报的，所以这种云的平均效应也是可以预报的。有了这种云参数化方案就可以预报模式中降水与凝结加热的分布与变化。模式中计算云-辐射相互作用的问题涉及到云的分类、分层（高、中、低云）及其对辐射的反照率和放射率等。一般模式中能否产生云，取决于大气相对湿度的大小。如果相对湿度大于某一定值（取饱和和接近饱和的条件），则认为此高度上有云生成。确定高、中、低云的湿度判据是可以调整的，直到模式模拟的全球云的分布基本上与实测的云分布一致为止。云的水平和垂直分布决定之后，下一个问题是确定云的形成与微物理过程。它们都能明显地影响云-辐射反馈作用的数量与符号。许多对云-辐射反馈作用的计算机模拟表明，不同的云参数化方案在CO_2加倍的情况下，可以给出不同的全球平均升温值。可以在2～5℃之间变化。许多研究表明，全球平均的云-辐射反馈作用最可能是一个小的正值（正反馈），但区域分布差别甚大。云-辐射反馈作用关系到气候模式的敏感性问题，即对同样的强迫（$W \cdot m^{-2}$），不同模式给出不同的响应，即给出不同的全球平均增温值。这使目前的模式预测结果如前面所述，变化范围甚大，有很大的不确定性。之所以会出现这种情况，主要与不同模式中使用的云参数化方案密切相关。目前这是气候变化预测的一个中心问题。

海洋环流的影响　在天气预报模式中，一般不包括海洋模式，因为在几天时间内一般可不考虑海洋的反馈作用。但对于需要长期积分的气候模式，必须考虑海洋的反馈作用。过去的海洋模式比较简单，只用一个约 100～200 m 深的海洋混合层来表征海洋的影响。在这种简单的海洋模式中不能直接考虑海流的影响，也不能考虑与各种扰动条件有关的海洋输送过程，因而有严重的不足。后来发展的海洋模式一般是全球性的，包括所有的大洋海盆和有各种复杂的海洋过程，其中十分重要的是能模拟海洋的各种变率。如厄尔尼诺和拉尼娜现象。另外，利用这种模式也必须能模拟出海洋中的热盐环流及其变化。这对气候变化的预测是十分重要的。如前所述，全球的气候在相当大程度上是通过海洋中的这种大尺度环流调节的。在这种环流中的上层和表层，海水向北输送，把大量过剩的热量带向北方，深层的向南回流海水把冷水向南输送。这种热量交换的结果，使得高纬的天气与气候不致于太冷，变得较为温和。因而正确模拟海洋的热盐环流是正确模拟和预测气候变化的一个前提，更为重要的是，气候变化本身与海洋热盐环流之间存在相互作用。全球变暖后，到达高纬度（如北欧至冰岛之间）的海水温度也将升高，并且由于中高纬降水的增加，海水的盐度将减少，这两个原因都使那里的海水密度减小。从而下沉的海水速度将减小，使深海的回流海水的速度也减慢。最后将导致整个热盐环流减弱。如果这种气候变暖的趋势持续很长的时间，则迟早会导致热盐环流显著减弱或最后停止或关闭。在这种情况下，由于失去了南北热量的交换和调节机制，高纬地区将逐渐变冷，最后甚至会进入寒冷的冰期。从这个意义上看，气候变暖和气候变冷都不是绝对不变的，它们会发生突变或迅速的转化。但科学家们认为虽然目前有某些迹象表明大西洋热盐环流有某种减弱，但至少在未来100年中不会关闭。气候变暖将会继续下去。

海气和陆气相互作用 在海气界面上发生着三种主要的过程，一是物理过程，它决定着海气界面的能量（热量、水汽和动量）和质量（气体和物质）交换或通量。关键的问题如何精确地计算全球和区域的通量。二是生物化学过程，它包括气溶胶和其他痕量气体的排放、沉降、海洋上层的吸收等。三是温室气体的释放和吸收过程，尤其是海气界面上CO_2的通量是最重要的，它是全球碳循环的一部分，决定着将来的气候变化。另外，对于N_2O和CH_4的海气通量也是应考虑的因素。此外，来自大气的降水以淡水的形式通过海气界面可改变海洋中的盐分的分布，从而影响海洋的密度及海洋环流。图1.7（彩图）表示海气界面上发生的各种过程，许多研究表明，气候模式中模拟的气候状态对于上述海气界面过程是很敏感的。因而在模式中如何描述出它们的过程与作用是十分重要的。

陆面过程与陆气交换 陆面过程与陆气交换在气候模式中也是不可少的，其重要性和主要作用已在前面说明过。目前科学家已研制了专门的不同类型的陆面过程模式来表征这种界面的相互作用过程（如BATS模式和SiBs陆面过程模式）。它们在气候模式的模拟和预报中起着十分重要的作用。图1.5说明的是一个陆面过程模式的组成和功能。

由以上气候模式所包括的物理过程看，气候模式的历史发展比天气预报模式要复杂得多。气候模式是通过近30年的发展才演变到今天这么复杂的程度。早期（20世纪70年中期）的气候模式只是大气模式，海洋是作为下边界条件给定的。到80年代中，海洋和海冰模式以及陆面模式被研制出来，并开始与大气模式耦合。这个时期，又研制了大气化学模式，包括硫化物循环模式、陆地碳循环模式、海洋碳循环模式等。到90年代末，气候模式已发展得相对完善，海-陆-气耦合模式中已包含了硫化物循环。这时还研制了非硫化物循环模式和动态植被模式，陆地和海洋碳循环模式已融合成完整的碳循环模式。现今建立的气候模式已完全包括了碳循环和硫化物与非硫化物气溶胶作用，既可以研究自然的气候变化与变率，又可以研究人类活动引起的温室气体与硫化物气溶胶增加的作用。在不久的将来，动态植被或生态模式被置入气候模式后，气候模式将具有研究与土地利用变化等有关生物圈变化的能力。那时的气候模式将基本上发展成真正的气候系统模式。

耦合的气候系统模式

在气候模式发展的初期，气候系统各圈层的模式都是分别研制的，随着计算机能力的增长，这些圈层模式逐渐地耦合或集成在一起。但是耦合的过程是十分困难的。图 4.1 说明大气模式与海洋模式耦合的方式，它是通过海气界面上热量、水汽和动量交换过程或通量实现的。但是大气与海洋模式耦合之后，一般会出现系统性误差和海气通量的不平衡，前者称做气候漂移，为此必须进行订正。最常用的方法是从经验上对通量进行系统的调整(时间保持固定不变)以使模拟的气候最接近实际的气候条件。这种人为施加的调整方法又称通量调整方法。目前对耦合模式是否进行人为或经验的通量调整还有不同的看法。不少科学家认为，如果采用求差技术则可以用通量调整来修正模式产生的误差。其做法是首先用气候模式进行“控制”气候模拟试验，一般至少应对过去的气候模拟 20 年以上。然后进行气候变化模拟试验，如在模式大气中使 CO_2 增加，并加进硫化物、气溶胶作用等。这种试验也称做敏感性试验。最后求取两种模拟结果的差，以了解加入上述气体后，原来的气候到底产生了什么变化。在这种差值的结果中，可消除大部分由任何人为调整在模式中产生的误差以及控制试验和敏感性试验所共有的系统误差。但应该指出，即便如此，仍不能完全消去耦合模式中的误差，它们仍包含在模式的模拟与预测结果中，这也是气候变化研究和预测中不确定性的来源之一。

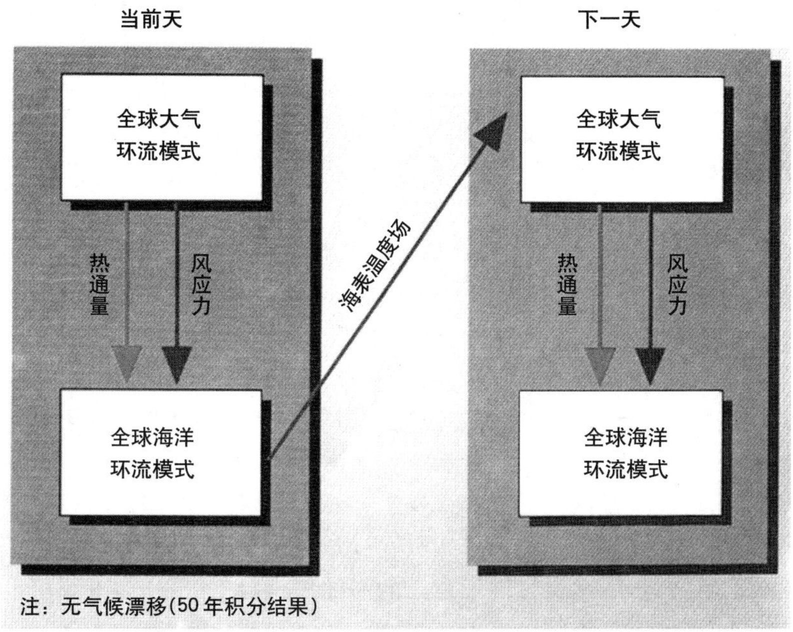

图 4.1　海气耦合模式中的耦合方式
(由 Houghton(1997)中的图改绘)

前面已经指出，大气具有混沌的性质，即其未来演变的结果对于初始条件中的小扰动十分敏感。这使天气预报的时限(可预报性)为大约 2 周时间。气候系统在许多方面也具有混沌的性质，但与作为初值问题的天气预报不完全一样。气候系统各圈层的作用十分缓慢，它们对大气可产生系统性的影响。因而对气候可预报性的限制不像天气预报那么大。尽管如此，由于初始条件误差与模式不确定存在，还必须采取一定的办法，即使用集合预报的方法得到比较可靠的预报。集合预报有两种，一是用不同的扰动初始状态、用一个模式重复多次进行预报，然后用一定的统计方法进行综合得到气候的概率预报；另一种方法是用不同的模式对同一对象进行同样的预报，然后进行平均。这两种集成方法都是气候态概率预报的基础。

整个气候系统模式的耦合和运行是十分复杂的，并需要巨大的计算机资源。现在气候模式已包括了硫化物循环，它可以描述这种气溶胶的排放以及如何氧化形成气溶胶颗粒。一些气候模式与陆地和海洋碳循环模式的耦合也取得了进展，在不久的将来，大气化学过程模式也将被耦合到气候模式中。总之，气候模式发展的最终目的是尽可能把整个气候系统都包含在模式中。这样可以包括各圈层的各种主要相互作用，气候的预测将有可能考虑各圈层之间的反馈作用，但要实现这个目标，还要走相当长的路程。气候模式是所有自然科学领域中应用的最复杂、最精细的计算机模式，它的发展需要多学科和计算机发展的有力支持。发展复杂的气候模式是当今和未来气候模式研究的主要方向，但是这需要很多的人力和物力，也需要巨大的计算机资源，因而不是每一个国家或每一个部门都能做得到的。这种模式只在少数比较发达国家中拥有。通过多年的努力，中国也发展了自己的海陆气耦合气候模式，并正用于季度、年度的预报和未来 50～100 年的气候变化预测。

简化气候模式

为了比较深入地探索不同温室气体排放情景下的气候变化状况以及模式中所有参数的假定与近似的影响，也常常使用简化气候模式。这种模式的分辨率较粗，或去掉 1 或 2 个维数，所得到的结果只是全球平均或纬圈平均的状况。另一方面，根据不同的研究目的，动力和物理过程被简化。比如，为了详细研究陆气相互作用，对海洋描写可简化。有一种称做能量平衡模式的简化模式，在大气和海洋的动力学与物理过程方面都大为简化，它们对研究大气对各种排放情景的全球平均影响是很有用的。简化模式也被用来研究气候变化对不同参数的敏感性。应该指出，由简化模式得到的结果需要仔细地与复杂的海气耦合的结果相比较，并不断调整和修正简化模式中的参数使模拟结果与复杂模式的结果尽可能接近。

另外,介于复杂与简化模式之间,还有中间复杂程度的气候模式。上述三种气候模式形成了一个气候模式族,它们在不同的应用中发挥着不同的作用,并以此给出相互一致的较为可靠的气候变化结果。

排放情景

为了制作未来全球和区域气候变化的预测,还必须知道未来温室气体和硫化物气溶胶排放的情况,这被称做排放情景。这种排放情景是根据关于驱动因子的一套假设得出的。它包括人口增长率、经济发展速度、技术进步水平、环境条件、全球化情况、公平原则等。上述 6 个条件基本上决定着未来排放的数量和排放途径。对这 6 个条件可能出现的各种情况进行组合,就可以得到不同的排放结果,涵盖了从最低排放(如人口增长率很低、使用高科技、经济发展速度适中等)到最高排放(人口增长不加控制、技术发展缓慢、经济快速发展等)的各种情况。由此可以进一步算出大气浓度的情景,然后可计算出响应的辐射强迫,再把它作为输入,放入气候模式中驱动模式气候的变化。IPCC 共发展了两套排放情景,早先的是 1992 年的排放情景,主要用于第二次评估报告中气候模式的预测(1996)。这套排放情景被称为 IS92 情景。第二套排放情景是 2000 年提出的,称做 SRES 情景,已用来代替 IS92 用于第三次评估报告中的气候预测中(2001)。SRES 排放情景由四种不同的情节构成的情景族组成:

高经济发展情景(A1) A1 描述了这样一个未来的世界:高速发展的经济,全球人口在 21 世纪中达到峰值,以后下降,迅速引进新的更有效的技术。这一族情景又可依据能源系统中不同的技术变化方向划分成几组情景。

区域资源情景(A2) A2 描述的是一个十分不均衡的世界,保持有明显的地方与自主的特点,经济发展主要是地区性的,全球化不明显。人口持续增长,人均经济增长和技术变化参差不齐,速度较慢。

全球可持续发展情景(B1) B1描述的是一个聚合的世界,人口在21世纪中达到峰值,以后下降(同A1),但经济结构向服务和信息经济迅速改变,物质强度减弱,并引入清洁和资源有效的技术,强调从全球角度解决经济、社会和环境的可持续性问题。这种情景意味着未来排放较低。

区域可持续发展情景(B2) B2描述的是一个侧重于从局地解决经济、社会和环境可持续性的世界,在这个未来的世界中,人口连续增长,但低于A2情景,中等水平的经济发展,技术变化没有A1与B1快,并且更多样化。它主要更重视局地或区域的环境

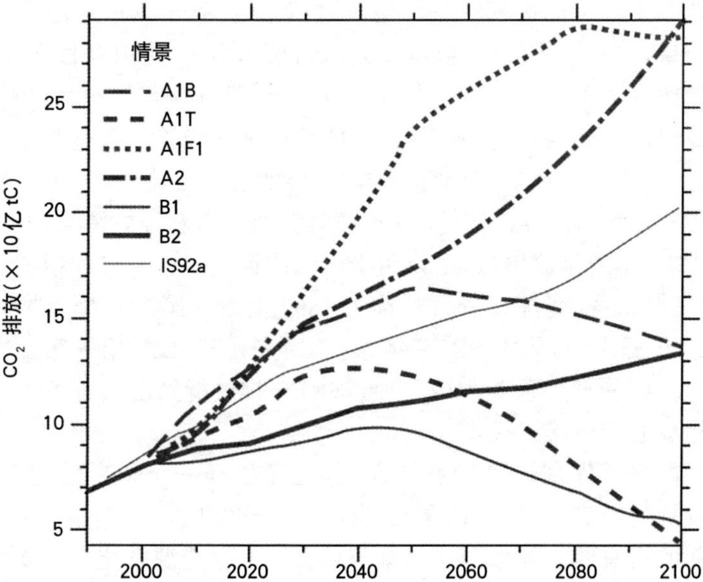

图4.2 温室气体的排放情景

(取自IPCC,2001)

保护和社会平等。

图 4.2 给出了 IS92a 与 SRES 不同情景下的排放情景。IS92s 是 IS92 排放情景中的一种，它被认为是一种最可能出现的情景，在这种情景下，对 CO_2 的排放不加任何强有力的控制，所以又称“照常排放情景”。

气候变化预测的不确定性

最后我们将讨论气候变化预测的不确定性问题。这是一个非常重要的问题。它决定着气候变化预测的可靠性与精度。由于目前对气候系统的认识有限，气候变化预测结果给出的只是一种可能的变化趋势和方向，还包含有相当大的不确定性。降水预测的不确定性比温度更大。

产生不确定性的原因

产生不确定性的原因很多，主要有：

未来大气中温室气体浓度的估算不够准确 未来大气中的 CO_2 浓度直接影响未来气候变暖的幅度。只有弄清了碳循环过程中的各种“汇”和“源”，尤其是陆地生态系统和海洋物理过程和生化过程到底吸收了多少排放的 CO_2（包括气候系统各圈层之间的相互影响），才能比较准确地判明未来大气中的 CO_2 浓度将如何变化。但现在对温室气体“源”和“汇”的了解还很有限。同时，各国未来的温室气体和气溶胶排放量，取决于当时的人口、经济、社会等状况，这使得现在就准确地预测未来大气中温室气体的浓度相当困难。

全球平均辐射强迫的计算值变幅较大 图 4.3 是 2000 年（相对与 1750 年）各种强迫因子对气候系统产生的全球平均辐射强迫计算值。其中垂直线代表计算的范围。有些强迫具有十分大的不确定性。例如黑碳气溶胶、有机碳、生物质燃烧、土地利用、航空引起的尾迹卷云等。有些强迫由于不确定性甚大,甚至没有辐射强迫计算的平均值(由直方图表示),如矿物粉尘、气溶胶的间接作用。上述辐射强迫使气候系统从1750年以来发生变化(气候变暖)。由于其不确定性,必然影响其结果以及未来的预测结果。

可用于气候研究和模拟的气候系统资料不足 现有的与气候系统观测有关的观测网,基本是围绕天气预报和基本气候条件或某一学科的需要而独立建设和运行的。在海洋、高山、极区等台站分布稀少,因而从站网布局、观测内容等方面都不能满足气候系统和气候变化和模拟的要求。

用于预测未来气候变化的气候模式系统不够完善 要比较准确地预测未来50～100年的全球和区域气候变化,必须依靠复杂

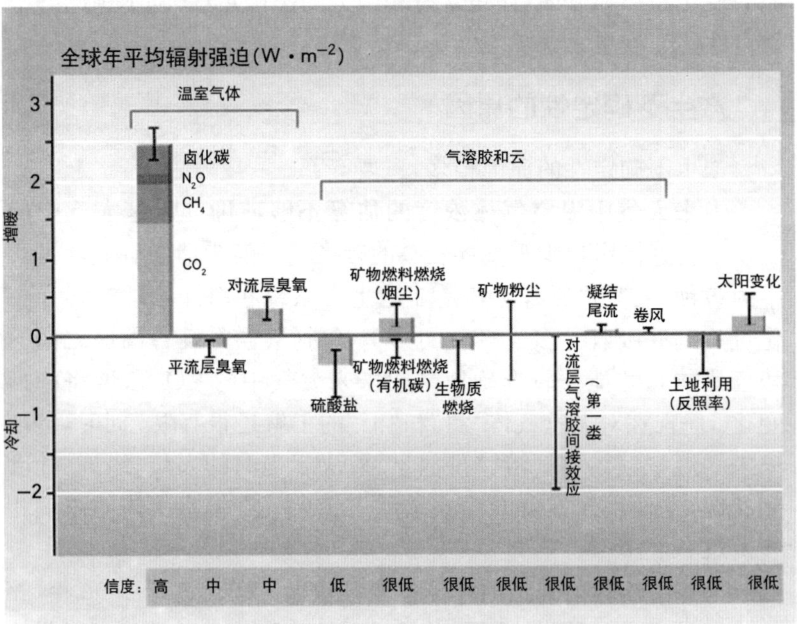

图 4.3 全球平均辐射强迫的计算值(单位:$W \cdot m^{-2}$)

(取自 IPCC,2001)

的全球海陆气耦合模式和高分辨率的区域气候模式。但是，目前气候模式对云、海洋、极地冰盖等物理过程和化学过程的描述还很不完善，模式还不能处理好云-海洋环流的反馈效应以及区域降水变化等问题。这些问题主要涉及到气候敏感性及其反馈机制等。前面已经指出，气候敏感性是在给定全球平均的辐射强迫或辐射区域情况下所产生的平均温度变化。目前描述气候系统的气候模式的气候敏感性范围较大。在 IPCC 第三次评估报告中，这种敏感性仍然很大。这是导致不同模式之间预测未来的温度幅度相差很大的原因。

自然的气候变化幅度不清楚 在近百年的气候变化幅度中(0.4～0.8℃)，自然的气候变率有多大仍不清楚。因而，人类活动引起的气候变化量值也不可能定量地确定。虽然在 IPCC 过去的三次评估报告中通过气候变化的原因检测，已更清楚地了解了两种气候变化原因的重要性，但对其相对重要性及量值仍不能确定。这大大影响了对气候变化根本原因的认识。

今后气候变化研究的一个重要任务是不断减小气候变化预测中的不确定性，提高预测的精度与信度。为此有许多工作要做：例如改进模式中对物理过程的描述；提高模式的分辨率，使更复杂的模式物理过程和动力过程能包括进来；另外需要改进或建立新的观测网以能监测气候系统的全部或大部，为模式提供必需的初值和验证资料，目前正在建立的全球气候观测系统(GCOS)就是为这一目的而进行的。

气候模式及其结果的验证

最后再讲一讲与不确定性有关的气候模式及其结果的验证问题。可以分三步来进行这种验证(Houghton，2001)。

首先是将模式运行很多年，至少 20～30 年，以得到“模式气候”，然后将这种模式气候与实际的气候进行比较。例如两者的气压、降水、温度、湿度、风的多年平均分布和季节分布是否一致，如不一致有什么差别;另一方面,气候的变率(可以方差表示)两者也应该一致,如不一致,到底与实际的气候变率差多少。上述比较一般称模式的控制试验。如果上述结果的比较表明模式气候与实际气候的平均值与变率都较为一致,则完成了模式检验的第一步,所用的气候模式是合理的,可以用于以后的气候模拟与预测。如两者差别较大,则必须调整模式的参数(包括初值)或改变模式中的物理过程和参数化方案等,直至模式的结果与实况达到一致为止。这种过程是敏感性试验的一部分。

第二步是用上述模式模拟过去的气候变化(过去几百年或几千年甚至几万年的气候),并与实际的过去气候状态相比较。因而古气候资料在这种验证中起着很重要的作用。如果模拟的过去某一时段的气候条件与相应的古气候条件较为一致,则模式具有较强的模拟能力,由此可以对形成过去气候的原因和因子进行研究。图 4.4(见彩图)是一个著名的例子。这是 IPCC 利用气候模式对 1860～2000 年的气候进行的模拟,可以看到,如模式中只包括自然因子,则模拟的结果与实况并不完全一致,主要反映在最近 50 年中,实况是明显增暖,而模拟结果的温度却是下降的,因而只考虑自然因子不能很好地模拟出实际气候的变化。同样只考虑人类活动因子也不能很好地模拟出实际温度变化,而只有同时考虑自然变化与人类活动的共同作用才能更好地模拟 1860～2000 年的气候演变,并且结果还清楚地表明,近 50 年的气候变化主要由人类活动引起。

模式验证的第三步是用模式对过去发生的重大气候异常事件进行模拟,如一次重大火山爆发(如 1991 年皮纳图博火山爆发)及其对气候的影响;一次重大厄尔尼诺事件的发生及其对气候的影响(如 1982～1983,1986～1987 和 1997～1998 年强厄尔尼诺事件)或某个大范围地区的长期气候异常,如非洲的长期干旱。通过模拟结果与观测资料多方面的详细比较可以确证模式对重大气候异常事件的模拟能力。如果对这种气候异常事件也有很好的模拟能力，则未来对这种事件的预测也会有类似的预测能力。

通过上述对平均气候，过去长时期的气候及重大的异常气候事件的比较，就可以验证气候模式的全面模拟能力及其可能出现的系统性误差，以后再寻找经验办法进行订正以作最后的补救。

第五章

未来 50～100 年地球气候系统将怎样演变

人类将完全进入一个变暖的世界

全球将继续变暖

目前世界上许多科学家使用了 35 个全球气候模式，在 6 种代表性温室气体排放情景下，预测了未来 50～100 年的全球气候变化（IPCC，2001）。虽然各模式预测的结果不尽相同，也包含有相当的不确定性，但都一致地表明，温室气体的增加是导致 21 世纪气候变化的最大因子，在 IPCC 第三次评估报告当中的 SRES 排放方案下，预计全球平均地表温度在未来 100 年将上升 1.4～5.8℃（图 5.1，见彩图），这一增温值将是 20 世纪内增温值（0.6℃左右）的 2～10 倍，这可能是近 1 万年中增温最快的。预测还表明，未来由于硫化物气溶胶排放的减少，冷却作用将减少，将来增暖的速率会比过去 100 年更快。并且最大的增暖区在高纬度地区，出现在春季和冬季，这与海冰和雪盖的减少联系在一起；大部分地区和季节陆地上的温度日较差变化范围减小，这主要是最低温度增加的幅度比最高温度的增加幅度大的结果；在温室气体浓度稳定后，全球变暖趋势还将会持续下去。

全球各分区的预测结果有一定差异，多数陆地的变暖比全球平均更快，北半球的高纬地区和青藏高原的增暖幅度冬季超过全球平均的40%，夏季则是地中海盆地、亚洲的中部和北部以及青藏高原地区增暖最大。而南亚和南美洲的南部在夏季以及南亚地区在冬季和夏季增暖的幅度比全球平均值小。

中国科学家在国外气候模式的基础上，发展和建立了自己的气候模式。在假定大气CO_2浓度继续增加和气溶胶浓度改变的情景下，预测了我国未来气候的变化，与全球气候变化的趋势一样，我国的平均温度也将继续上升，到2020～2030年，全国平均气温将可能上升1.7℃；到2050年，全国平均气温将可能上升2.2℃（图5.2，见彩图）；当大气中只考虑CO_2浓度加倍时，全国平均气温将上升2.9℃；考虑CO_2和气溶胶硫化物的共同作用后，未来100年温度将继续上升，且在未来50～100年变暖的范围和强度增加。图5.3是未来温度增加的地理分布，可以看出，温度增加幅度由南向北增大，西北和东北地区温度上升明显，到2030年，我国西北地区气温可能上升1.9～2.3℃，西南可能上升1.6～2.0℃，青藏高原可能上升2.2～2.6℃。

大气中温室气体浓度将继续增加

到目前为止，世界上还没有做出关于未来大气中温室气体浓度变化的有严格科学意义的“预测”。全球气候变化研究的依据是建立在一系列假定条件基础上的对未来温室气体排放的一系列“推测方案”上，这就是前面所说的排放情景。不少科学家都强调指出，未来大气中温室气体浓度的变化不等于排放情景，必须用全球碳循环模式来估计在不同排放情景下大气浓度的变化，因而排放

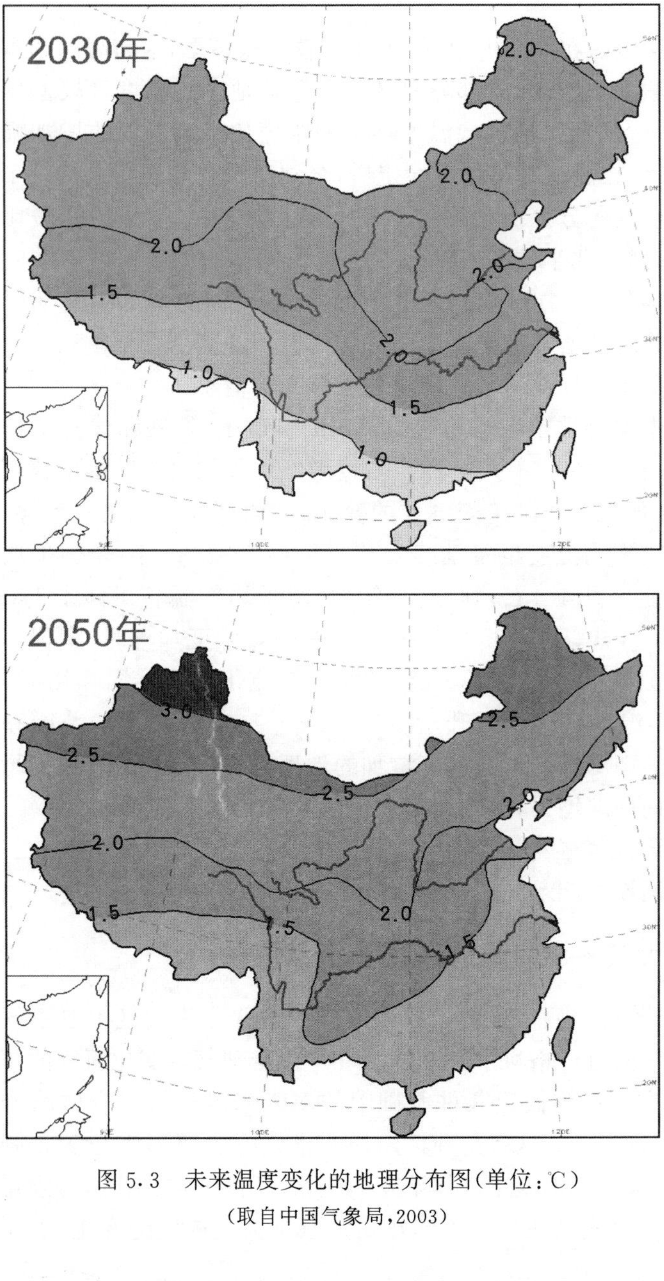

图 5.3 未来温度变化的地理分布图(单位:℃)

(取自中国气象局,2003)

情景预测所得到的结果并不是关于未来大气温室气体浓度变化的真正科学预测。当前的简单做法是,依据假定的未来世界人口、经济、社会发展情景构造未来温室气体排放的“情景方案”,然后利用简单的温室气体浓度变化模式针对每一种情景方案推算未来温室气体浓度变化。这里存在明显的不确定性。

对于未来温室气体的排放,目前全球每年矿物燃料排放60亿tC(1 tC＝3.7 tCO_2)(张锦等,2001)。预测2100年将排放50亿～350亿tC,这将导致大气CO_2浓度从368 ppmv增加到540～1 000 ppmv。图5.4(见彩图)是过去和现在以及未来大气中CO_2浓度的变化情况:在过去相当长的时期内(工业化之前的几百年间),大气中CO_2浓度大致稳定在280 ppmv;从1750年以后,大气中的CO_2含量开始增加,以后迅速上升;近50年来,上升十分明显;未来100年将加速上升,其上升速率取决于不同的排放情景。

北半球中高纬地区降水将继续增加

21世纪全球平均降水将会增加,尤其是北半球中高纬地区,但大部分年平均降水增加的区域很可能同时出现大的年际变化。这意味着降水将有更大的变幅,亚洲夏季风的降水变率将增加,同时降水的极值也将比平均值增加更大,降水事件的强度也将增加。

亚洲季风区降水变化也很明显,在只考虑温室气体增加的影响时,夏季亚洲季风区的降水在未来50～100年有增加的趋势(图5.5),其中易遭受洪涝的印度东北部和东亚季风区的东部降水增加明显,尤其是我国的南海地区;而当温室气体和气溶胶的增长都包括在其中时(使亚洲的气溶胶增加较大),亚洲季风区的降水减少,尤其是印度东北部地区的降水将减少;而冬季亚洲季风区的降水,在只考虑温室气体增加时和既考虑温室气体增加又考虑硫化物气溶胶共同增加时,预测结果表明,呈减少的趋势(如图5.6)。

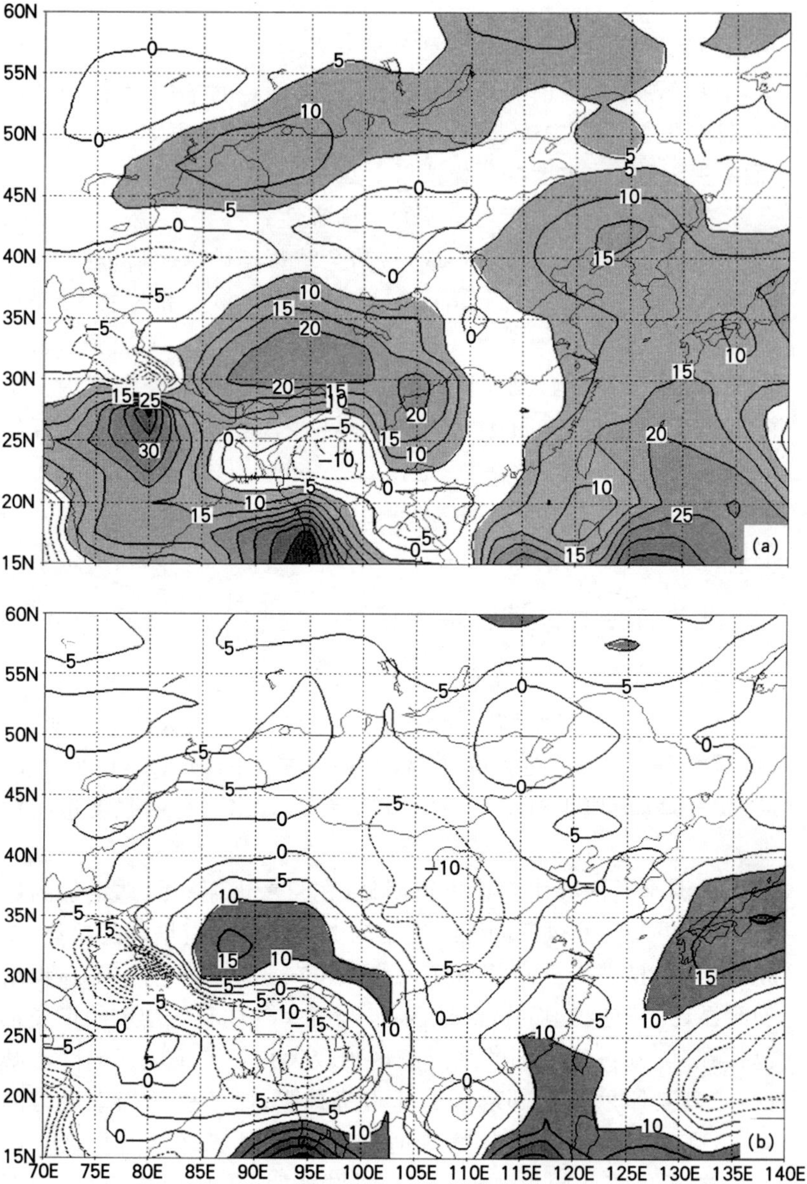

图 5.5 东亚地区夏季降水变化地理分布图(2031～2060 年)

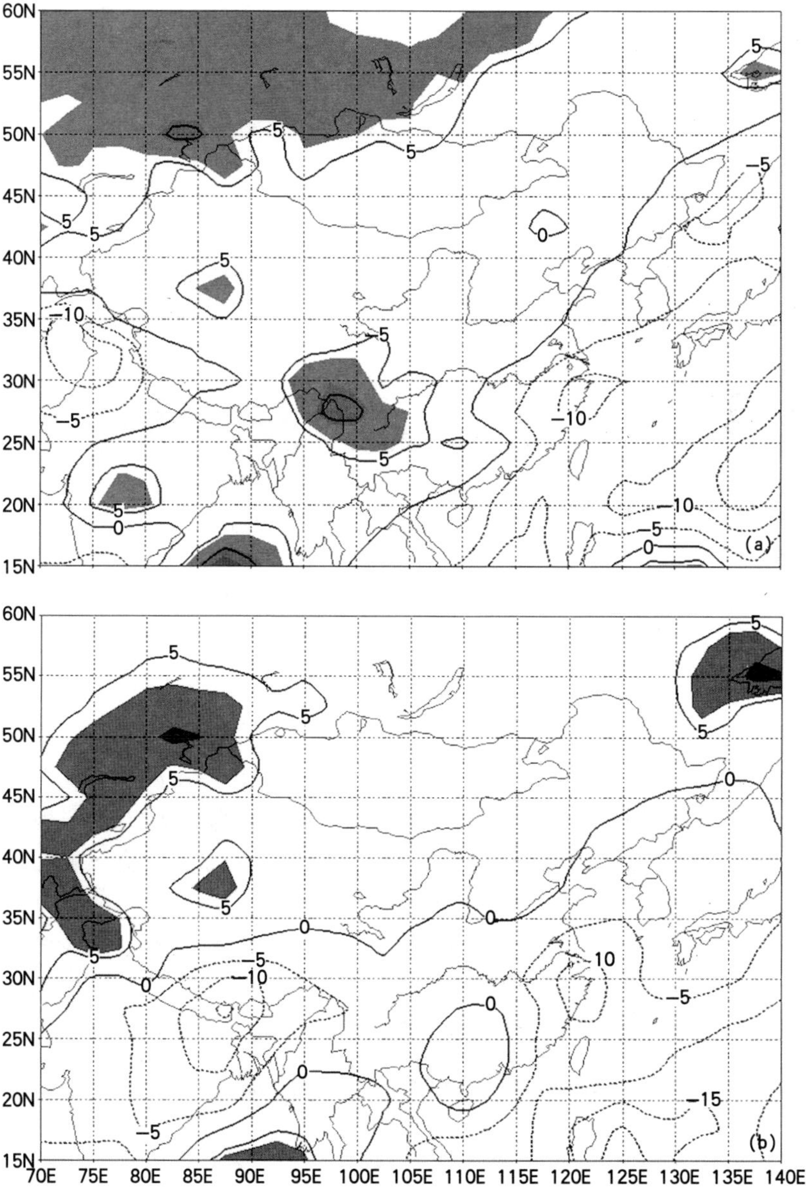

图 5.6 东亚地区冬季降水变化地理分布图(2031～2060年)

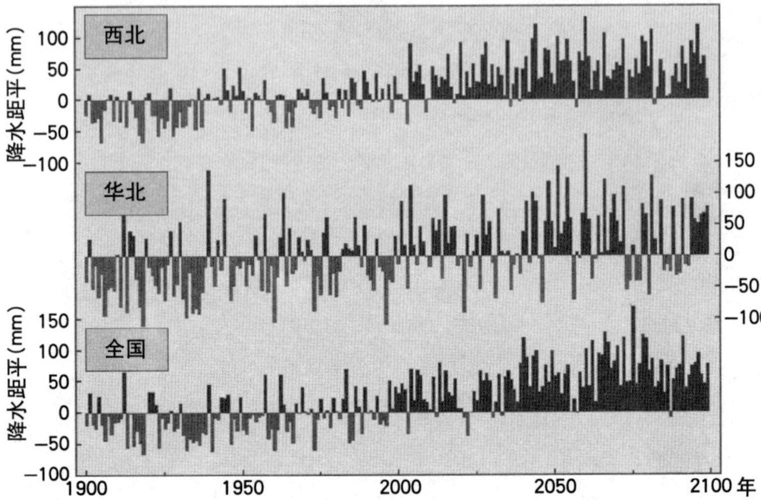

图 5.7　未来 100 年我国降水变化趋势
(取自中国气象局,2003)

未来 100 年我国年平均降水将呈增加趋势(图 5.7)(中国气象局,2003),我国不少地区年平均降水也出现增加趋势,东南沿海增加值最大。华北和东北南部等一些地区出现由降水减少转变为干湿交替现象,变幅加大,但平均而言,未来有降水增加的趋势。各个分区比较,西北地区降水增加的趋势明显。增加的数值一般在 20%以上,最大为甘肃省,增加率为 31%;西北地区平均的增加率为 25%。相对于西北地区,西南地区降水的增加率较低,最少的云南省只有 6%,区域平均的增加为 16%。总体说来,温室气体增加会使西部地区气候向暖湿方向发展,其中以西北尤甚。

极端天气与气候事件出现的机会增加

全球变暖条件下极端天气与气候事件的频率将增加。由表 5.1 可以看到,几乎所有的陆地地区,热日和高温天气都增多,增加最明显的地区在土壤湿度减少的地区。日最低温度也在几乎所有的陆地地区表现出增加，并在冰雪退缩的地区较显著；霜日和寒潮将减少，地表气温和地表绝对湿度的增加是热指数增加(热指数

表 5.1 气候变率和气候极端事件及其影响的预测(丁一汇等，2002)
(据 IPCC，2001)

21世纪极端气候现象预测的变化及其出现的可能性	预测的影响
几乎所有地区陆地最高温度上升(更高)，热日和高温天气更多(很可能)	· 对老龄人群和城市中的穷人带来更多的疾病和死亡 · 旅游地点变动，许多作物受破坏的风险增加，制冷所需的电力增加，能量供应的可靠性降低
几乎所有的陆地地区最低温度上升(更高)，冷日、霜日和寒潮更少(很可能)	· 与寒冷有关的人类迁徙和死亡降低。许多作物受破坏的风险减少，但对另一些作物风险会增加。病虫害和流行病的活动时期会延长，加热所需的能量减少
更强的降水事件(许多地区可能)	· 洪水、滑坡、泥石流和雪崩破坏增加，土壤侵蚀增加。洪水径流能够使一些泛滥平原的含水层更新增加。政府、私人洪水保险系统和政策部门的压力增加
大多数中纬内陆腹地夏季变干的情况及其引起的干旱风险增加(可能)	· 作物产量减少。由地面干裂和收缩引起的建筑物基础破坏增加，水资源数量减少，质量降低
热带气旋最大风速强度，平均与最大降水强度增加(某些地区。可能)	· 人类生命的风险、感染性流行病风险及其他风险增加 · 沿岸侵蚀和岸区建筑物与基础建设的破坏增加。沿岸生态系统如红珊瑚礁和红树林的破坏增加
在许多不同地区与厄尔尼诺事件有关的洪涝加剧(可能)	· 在旱涝多发区，农业生产力下降，在干旱多发区，水力发电的潜力降低 · 亚洲中纬和热带地区的旱涝程度与破坏加剧
中纬度风暴强度增加	· 生命和健康风险增加，贫穷，基础设施损失，沿岸生态系统破坏加剧

是表征温度和水汽共同作用的一个量)。地表气温的增加也将造成"冷却度日"(某一天一旦温度超过某一阈值所需的冷却量)增加。预测的降水极值将比平均值增加更大。降水事件的强度也将增加。极端降水事件的频率几乎各处都将增加。夏季中纬腹地将出现干旱化趋势,这是温度增加和潜在蒸发增加共同作用的结果,后者的增加是不能被降水所平衡的,因为它所引起的干旱风险将上升。另外,热带气旋的平均与最大降水强度在有些地区也增加。从全球降水变化的地理分布来看,海洋上降水的变化占全球降水变化的主导地位,海洋降水增加的幅度大于陆地。在考虑温室气体和气溶胶的共同影响时,对陆地来说,夏季和冬季都是北半球的中高纬地区和南极大陆降水增加明显,中纬度地区的北部和热带非洲则是冬季降水增加明显,南亚、东亚和青藏高原地区增加明显主要是在夏季。夏季,整个澳大利亚和南非的降水减少明显(IPCC,2001)。

许多地区的干旱加剧

大气气溶胶增加对降水的影响日益引起人们的重视,其中硫化物气溶胶的直接辐射作用导致大气冷却。但这种冷却在北半球最大,这改变了大西洋海表温度的经向梯度。模拟结果表明,这种效应加强了信风,减小了非洲季风的强度,从而导致了萨赫勒地区的持续干旱。还有研究提出,烟尘气溶胶将可能对中国降水分布产生影响,吸湿性烟尘气溶胶加热了大气,改变了区域的大气稳定度和垂直运动,使垂直上升环流和对流活动加强,而在南北两侧又导致补偿下沉环流和干旱的加强,从而造成南涝北旱的异常降水分布,因而烟尘气溶胶正是通过影响大尺度环流和水循环产生显著的区域气候效应。

对欧洲中南部地区,在温室气体增加而气溶胶不增加的情况下,这些地区的夏季降水预期要下降10%~20%,这就可能导致降雨日数大大减少,无雨的时段大大延长,有更大的干旱可能性,而且较高的温度将导致蒸发的增加,减少地表可用的水分,这又引起干旱的增加；对于降水增加的地区，也可能发生类似的情况，在这些地区，较大的降水是由于对流活动的增加(如更多的强暴雨和雷暴天气)引起的。预测还表明，有些地区总的降水量不变，但是小雨的日数减少了，大雨日增加了，因此，在由于温室气体增加所造成的较暖的世界里，不同的地方将发生更频繁的干旱和洪涝。

降水的减少主要发生在副热带地区，最明显的是在美洲中部和澳大利亚的北部，因此在这些地区未来发生干旱的可能性较大，另外，非洲的东部地区也有发生干旱的可能性，当只考虑温室气体增加，以及气溶胶共同增加时，大多数模式的模拟结果都表明，美洲北部的部分地区、非洲和亚洲都随着气溶胶的增加降水减少明显，更易发生干旱。

我国的许多科学家对中国的干旱，尤其是西北地区进行了许多的研究(秦大河等，2002)，在全球变化的影响下，我国干旱区范围将扩大，荒漠化将加深。若 CO_2 倍增，温度上升 1.5℃时，我国干旱区面积扩大 18.8 万 km^2，湿润区缩小 15.7 万 km^2；若 CO_2 倍增，温度上升 4℃时，干旱、半干旱区和半湿润干旱区面积将扩大 84.3 万 km^2，湿润区将缩小 59.9 万 km^2。但这只是一定的假设条件下可能发生的情况，具有较大的不确定性。

海平面将加速上升

随着全球变暖，未来 50～100 年，海平面将继续上升(王绍武、丁一汇，2003)。引起海平面变化的主要因素有以下几个方面：

海水的热力膨胀 当海洋变暖时，海水膨胀，海平面升高，但膨胀量的准确计算很复杂，因为它主要取决于水温，不同的水温其膨胀量不同。另外，整个海洋不是都以相同的速率改变温度。这使海平面上升的计算更为复杂化，因此必须用海洋模式进行计算。根据 IPCC 第二次评估报告中的 IS92a 方案计算(McCarthy 等，

2001)，海平面增加的范围为0.11～0.77 m，其中热膨胀为0.11～0.43 m，在21世纪将会更快。

冰川融化 其贡献可为0.01～0.23 m。在20世纪，由于冰川显著后退，在这时期10～25 cm的海平面升高中，冰川融化的贡献为2～5 cm。如果未来南极和格陵兰以外的冰川全部融化，海平面将会升高40～60 cm。

极地冰原的消长 这是一种长期的变化。在百年和千年以上的气候变化中，需要考虑这个因子。在末次间冰期期间，由于南极或格陵兰冰原的减少，海平面升高了5～6 m，但较短时期的海平面变化可以不考虑这个因子。

由第三次评估报告的SRES排放方案得出的预测结果如图5.8(见彩图)所示，1990～2100年海平面将上升0.09～0.88 m，平均为0.48 m，这个值是20世纪上升速率的2.2～4.4倍，即使温室气体被稳定在目前的状况下，海平面在几百年以后仍将可能继续上升。

我国海平面上升的趋势也较明显，观测结果表明，近50年海平面明显上升(中国气象局，2003)，平均上升速率为2.6 mm，最近几年上升速率加快。据专家预测，我国未来海平面还将继续上升，到2030年中国沿海海平面上升幅度为1～16 cm，到2050年上升幅度为6～26 cm，预计到21世纪末将达到30～70 cm。

冰川和海冰将继续融解和退化

气候变化对冰川的影响是十分复杂的，冰川的消长既取决于其上积雪量的多少，又取决于夏季积雪融化量。冰川的变化是上两个量之间的一种差额，在气候模式中，为了预测冰川的未来融化，必须考虑这两个因素，尤其是冬季积雪和夏季平均温度。预测表明，北半球积雪和海水范围将进一步减少，冰川和冰盖在21世纪将继续大范围退缩，南极冰原的冰量可能由于降水的增加而增加，格陵兰冰盖可能减少，这是由于径流增加可能超过降水的增加。目前，南极冰原西部的冰架未来将如何变化成为备受关注的问题，因为这部分冰缘位于海平面之下，并且该地区温度明显升高，2002年3月拉森-B冰架的迅速塌崩是一个明显的先兆。但目前的预测表明，在21世纪，西南极冰架的消失不可能是大规模的，因而也不可能引起明显的海平面上升。

全球变暖后，我国的冰川、冻土和积雪可能减少，山地冰川将继续后退萎缩。根据小冰期以来冰川退缩的规律和未来夏季气温和降水量变化的预测，估计到2050年我国西部冰川面积将减少27.2%，折合冰量约16 184 km^3。其中海洋性冰川减少最显著，为52.5%，6 295 km^3；亚极地冰川次之，为24.4%，6 613 km^3；极地型冰川最少，为13.8%，2 629 km^3。三类冰川的冰川物质平衡每年亏损值分别高达－1 318 mm 、－900 mm 和－623 mm，冰川平衡线高度将分别上升238 m、168 m和138 m。未来50年我国西部地区冰川融水总量将处于增加状态，天山北麓与河西走廊最大融水径流预计出现在21世纪初期，其年增长量为几百万到千万立方米不等；柴达木及青藏高原的内陆河流域冰川融水高峰预计出现在2030～2050年，年增长约20%～30%；塔里木盆地周围高山冰川2050年前径流增加量可达25%左右。据科学家推断，到2050年，乌鲁木齐河源小冰川将基本消失，我国现有面积小于1 km^2 的24 189条小冰川也将在2050年前基本消失。到2100年，中国冰川在350年中将损失1/2。

随着全球进一步变暖，冻土面积继续缩小。未来50年，青藏高原多年冻土空间分布格局将发生较大变化，80%～90%的岛状冻土将发生退化，季节融化深度增加，形成融化夹层和深埋藏冻土；表层冻土面积将减少10%～15%，冻土下界抬升150～250 m，亚稳定及稳定冻土温度将升高0.5～0.7℃。

高山季节性积雪持续时间将缩短，春季大范围积雪提前消失，积雪量将较大幅度减少，积雪年际变率显著增大。到2050年冬季气温将升高1～2℃，随着降雪量缓慢增加，青藏高原和新疆、内蒙古稳定积雪区深度将分别以 2.3%和 0.2%的速度缓慢增加。同时,雪深年振幅将显著增大,大雪年和枯雪年的出现更为频繁。到 2100 年大范围积雪将可能于 3 月份提前消失,春旱加剧,融雪对河川径流的调节作用将大大减小。

自然生态系统将经历更明显的变化

全球变暖使得自然生态系统将经历更明显的变化,尤其是在中、高纬地区,特别是森林,将因增加的气候强迫的影响而遭遇大面积枯萎和生产力减少;同时与之相关的,可能是二氧化碳的正反馈作用加强。

气候变化对生物多样性的影响,取决于气候变化后物种相互作用的变化,以及物种迁移后与环境之间的适应性平衡。在迁移过程中,生态系统并不是作为一个个单元整体迁移的,它将产生一个新的生态系统结构,生物物种构成及其优势物种都将会变化,这种变化的结果可能会滞后于气候变化几年、几十年,甚至几百年。植被模拟研究证实,气候变化使某些物种由于不能适应新环境而濒临灭绝,也可能出现新的物种体系。

气候变化还能改变一个地区对不同物种的适应性,并能改变生态系统内部不同种群的竞争力,因此,随着时间的推移,即使气候的微小变化也能引起生态系统组成的巨大变化。随着全球变暖,大多数生态系统不能很快地响应和迁移,会使得自然生态系统愈来愈不能与其环境相适应;不同物种之间的响应存在巨大的差异,某些物种对于平均气候或气候极端事件的变化要比另外一些物种脆弱得多(脆弱是指系统适应不利影响的能力低)。由于自然生态系统对气候变化存在不同时间尺度的滞后效应,未来脆弱系统的数目可能会增加,遭受破坏的地理范围也可能增大。

为了预测植被/生态系统对全球变化的反应,科学家建立了大量的能独立地模拟生态系统结构和功能的数值模型。例如陆地表面模型可用来描述陆地表面与低层大气之间的生物物理作用;生物地理模型用来描述植被的结构特征，反映物理环境对植物功能类型的有效性、资源的竞争以及达到平衡时植被覆盖的影响，用于植被分布及其对气候变化的反应；生物地球化学模型可以描述植物的功能特征，包括植被地表凋落物和土壤有机质之间的碳和养分循环以及绿色植物在单位时间内和单位面积上所能积累的有机干物质，包括植物的枝、叶和根等生产量及植物枯落部分的数量，这就是植物学家常说的植物的净第一生产力。

科学家分析，在继续变暖的21世纪，森林是最容易受到损害的生态系统，将有相当多的树种面临不适应的气候条件。北半球的树木本来就不够茁壮，因而一些地区的森林将在暖干气候条件下更容易枯萎。这是由于在全球变暖引起的气候快变条件下大多数树种难以找到气候适宜的地点，即物种的生境。不同的树木在某些地点重新发现适宜他们特点的气候生境需要一个长时间的稳定气候。

据我国科学家分析（秦大河等，2002），当降水增加10%时，如温度升高1℃，我国天山以北的草原和稀树灌木草原的面积将增加，塔克拉玛干沙漠面积将减少，和田河畔的荒漠河岸胡杨疏林将消失，柴达木盆地的大片戈壁、盐壳及风蚀沙地将有50%发展为荒漠植被，青海湖周围的草甸和沼泽北延到祁连山下、西伸到柴达木盆地边缘；当温度升高、降水增加时，西北地区的草原和稀树灌木草原、草甸和草本沼泽的面积将有所扩大，部分沙漠被荒漠植被代替。而当温度升高、降水减少时，西北地区的草原和稀树灌木草原、草甸和沼泽面积缩小，荒漠植被将取而代之，荒漠化严重，农业生产受到威胁。

在平均温度增加2℃，降水增加20%的假设条件下，我国西部森林地带将有所变干，而草原和荒漠地带稍变湿，青藏高原各植被地带的干旱将变得较为严重，各植被的热带量将北移。寒温性针叶林地带将转变成温带区域，温带、暖温带的南部将变为暖湿带与亚热带，亚热带除北部地区外，都将变成热带。温带草原地带南部积温带东部荒漠地带将变为暖温带，青藏高原各植被地带也都将变为上一级热带量。

如果平均温度增加4℃，降水增加20%，各植被地带都将比现在变得干热，森林地带干旱程度将增加，但仍能满足森林的水分要求，草原地带将变得干热，西部草原将变为荒漠区，荒漠地带沙漠化加剧。青藏高原各植被地带的干旱程度均有较大幅度的增加，沙漠化趋势加强。各植被热带量有所北移。

预计至2030年，我国主要用材树种兴安落叶松适宜分布区的南界将北移约0.1～2.7个纬度，北界、东界和西界的变化不大。至2030年，适宜面积约减少9%左右。林区内，小兴安岭中部适宜区将缩小约10%，大兴安岭西北部地区的适宜范围将增加。

生长在我国长白山、完达山和小兴安岭地区的珍贵用材树种红松，大约气温每增加1℃，最适分布区下限上升100～150 m，上限上升150～200 m，南界向北退缩1～2个纬度，使红松适生面积迅速减小。然而50°N以北地区在气温增加1～2℃时将变得有利于红松生长，西界略有向西扩张；但当温度升高3℃时，西界迅速东移至45°N以南，整个东北适宜红松稳定生长的区域就仅仅局限于长白山的部分山地。

油松是我国特有的针叶树种。气候变化后，整个油松极限分布区将出现不十分明显的北移，低海拔区域的油松所受的影响较大。当前气候条件下分布较连续的山区，将变成破碎的岛状分布。在东北区海拔高约180～1 260 m，以及西南区570～1 000 m处，油松分布可能消失。到2030年适宜油松分布的面积将减少90%。

杉木是我国特有的重要用材树种。主要分布于南岭山地和雪峰山区，预计到2030年杉木的极限分布将有不同程度的变化，西界将明显东移约0.2～2.3个经度，北界将南移约0.1～0.9个纬度，南界将北移约0.1～0.5个纬度，东界变化不大，适宜杉木生长的面积将减少约2%。其中，杉木中心分布区将明显收缩，约减少8%的面积。

马尾松是我国南部森林面积最大、分布最广、数量最多的用材树种，在南方各省区的森林蓄积量中马尾松约占一半。预计到2030年，极限分布范围北界将南移约0.3～1.6个纬度，南界北移约0.2～3.4个纬度，西界东移约0.7～1.1个经度，东界变化不大，其中长江以南地区变化较大。适宜面积约减少9%。中心分布区将明显收缩，约减少13%。

珙桐为我国特有的珍贵树种，受第四纪冰川影响而濒于绝迹，仅在我国四川、重庆、湖北、贵州、云南等省(自治区、直辖市)尚有幸存，预计到2030年分布区东界约西移0.2～1.3个经度，北界仅东段南移0.2～0.7个纬度，西界北段变化不大，仅中南段东移约0.3～1.9个经度，南界变化不大。云南境内的珙桐变化较大，其北界约南移0.1～1.4个纬度；西部将呈星散状分布。气候变化后适宜分布面积约减少20%。

秃杉在四川、重庆、湖北、贵州、云南、西藏等省(自治区、直辖市)呈间断分布。预计到2030年，适宜秃杉分布的面积将有大幅度减少，减少的面积约为当前气候条件下适宜面积的57%。

总之，全球变暖将对我国植被的水平分布及垂直分布、面积、结构、生产力等产生很大影响(图5.9，见彩图)。气候变化将改变植被的组成、结构和生物量，使森林的分布格局发生变化、生物多样性减少等等。据研究，到2030年，除云南松和红松分布面积有所增加(12%和3%)外，其他物种的面积都将有所减少，减少幅度为2%～57%(表5.2)。

表5.2　2030年我国主要树种分布面积的变化(%)

(取自中国气象局，2003)

树　种	云南松	红松	落叶松	油松	马尾松	杉木	珙桐	秃杉
面积变化(%)	12	3.4	−8.5	−9.4	−9	−2	−20	−57

气候变化导致湖泊水位下降和面积萎缩

有关研究表明(秦大河等,2002),在未来气候增暖而河川径流量变化不大的情况下,平原湖泊由于水体蒸发加剧,入湖河流的来水量不可能增长,而将会加快萎缩、含盐量增长,并逐渐转化为盐湖;高山、高原湖泊中,少数依赖冰川融水补给的小湖,可能因为冰川融水增加而扩大,后因冰川缩小后融水减少而缩小;地处山间盆地以降水、河川径流或降水与冰川融水混合补给的大湖,其变化趋势受人瞩目,如青海湖长期处于较大的负平衡状况,湖水位呈下降趋势。如未来温度继续升高,湖区水面蒸发和陆面蒸散均会有所增加,若多年平均降水量仅增加10%,仍不足以抑制湖面的继续萎缩,而仅仅是趋势减缓,如降水增加20%或更多,湖泊来水量会增加,湖泊会扩大,水面会上升,湖水也会淡化。

受人类活动的影响,目前环境正以许多方式发生退化,而全球变暖将加速这些退化。对位于河流出海口的低洼国家(如孟加拉国)以及分布在大洋中的许多小岛国来说,海平面升高将视情况而变得更糟,这个问题已引起上述国家的特别关注。随着某些地区旱涝的增加,由于土地过度利用、火灾、森林砍伐,土壤流失将加剧。在其他地方,大范围的森林砍伐将引起更干旱的气候和难以维持的农业。全球变暖对水分供给的影响也是非常大的,预计地球上某些地区将变暖变干,尤其是在夏季,干旱的可能性也将更大,在其他地区预计将发生更多的洪水。气候变化对人类本身主要的直接影响是极端高温产生的热效应,它将变得更加频繁、更加普遍,影响人类健康,同时,较高的温度也有助于某些热带疾病(例如疟疾)向新的地区传播。

气候系统未来会发生剧烈的突然变化吗?

前文已经详细说明了气候系统涉及到的许多过程和反馈作

用，它们以复杂的（通常是非线性的）方式相互作用。如果系统被充分地扰动（例如大气中温室气体含量不断增加、温室效应不断增强、辐射平衡受到明显的破坏），这种相互作用的结果将能够超越气候系统保持稳定缓慢变化的临界值或阈值。这种情况下，气候系统的变化将出现不稳定的迅速或突然的变化。根据极地冰芯资料，大气状态的迅速变化能够在几千年或更短的时期内发生。因而快速、突然而不可逆的气候系统变化的可能性是存在的，但在发生机理以及突变可能性或时间尺度方面有很大的不确定性。

格陵兰冰芯的资料表明（IPCC，2001），进入全新世以后的8 000年中，气候是稳定的，变化比较缓慢。剧烈的气候变化主要发生在更早的时期。远在10万年前的冰期中，北极地区的温度快速变化频繁发生，在不到100年的时间中温度的起伏可高达5～6℃，这远远超过全新世以来任何时期的温度变化。再早则由冰芯资料无法获得比较可靠的结果，因为冰芯记录可能因冰的运动而失真。以后的时期里，气候突变的一个著名例子是新仙女木事件，它发生在12 000年前～10 700年前之间的1 300年间。在这个事件出现之前，地球正经历最后一次冰期结束后的变暖期（图5.10），但在变暖的过程中气候突然逆转，迅速地变冷，气候又回到末次冰期时的温度。冰芯资料表明，这一事件结束时（10 700年前）在短短的50年中，温度上升了约7℃（图5.10），同时伴有风暴的减少和约50%的降水减少。

关于快速和非线性变化的原因目前尚无定论，科学家们提出了不同的假设，主要归结为两种：

一是认为在冰期建立的格陵兰和加拿大冰原，在以后的暖期不经常发生破裂，这给北大西洋带来大量的冰山，从而使气候变冷。

另一种观点认为是由于北大西洋的大洋环流（热盐环流）受到融冰生成的大量淡水注入强度减弱的结果。前面已经指出，北大西洋地区存在着一支热盐环流（图5.11，见彩图），暖海水在海洋表

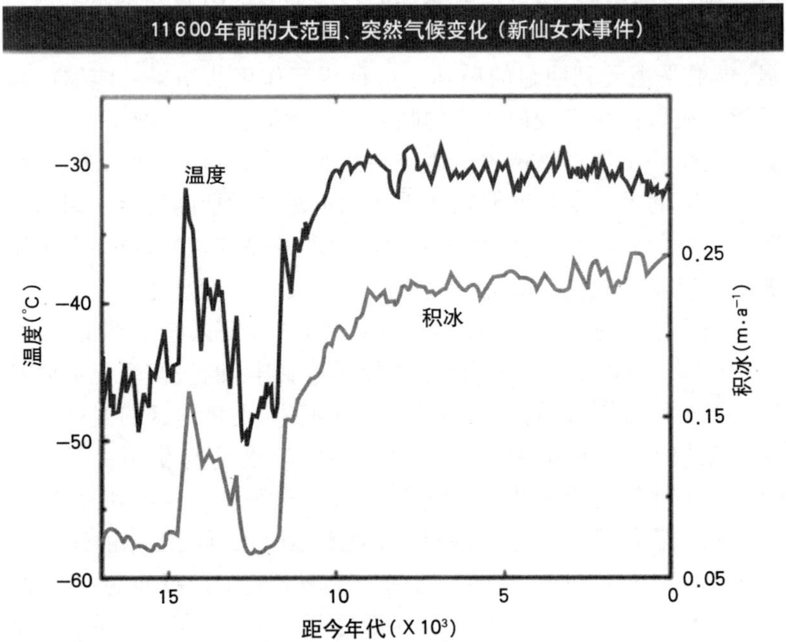

图 5.10 格陵兰冰芯显示的新仙女木事件

（取自 IPCC，2001）

层和上层从南向北输送热量。到达北方后，可以减缓或调节那里寒冷的气候。以后海水在北欧至格陵兰之间的地区沉入深海。为要下沉到深海，海水密度必须特别大，即海水既冷且盐度又高，下沉的高密度海水在深水处形成了深海环流，并成为大洋环流的一个回流支而向西南流动。如果由于气候变暖（末次冰期后的变暖期正是如此）而使大量海冰融化，由此产生的大量淡水会使海水淡化，密度减小，减弱海水的下沉，切断深水的形成，从而减弱整个大西洋的热盐环流。这相应地会减弱或停止上层暖水的向北流动。南北热量交换的减弱或停止，会致使气候向寒冷状态转换。实际上抑制深水形成的过程不仅仅是融冰，北大西洋地区持续增加的降水

（也是淡水）也可使表层的海水变淡。因而深层海洋环流与气候系统中的水文循环之间存在重要的联系。

随着大气中 CO_2 浓度的进一步增加，气候将继续变暖，中高纬地区的降水将增加，因而北大西洋将有更多的降水发生。这会使深水的形成明显减弱。气候模式预测表明，北大西洋热盐环流未来将会减弱，从而减轻北大西洋北部地区的增暖，甚至有模式表明，在热盐环流减弱的地区，由于温室气体的不断增加，欧洲仍会增暖。当 CO_2 加倍时，深层海水形成的速度减少了30%，北大西洋的热盐环流减弱，但仍可恢复，大约需用一百到几百年的时间。当 CO_2 增加到4倍时，深水的形成就停止了，热盐环流崩溃，这时将给该地区带来剧烈的气候变化。这表明存在着大西洋热盐环流迅速过渡到一种崩溃状态的阈值的可能性。但并不清楚这种阈值是什么，人类活动怎样导致超过这种阈值。模式的研究还表明热盐环流的减弱会降低气候系统对扰动的回复力，即一经减弱的热盐环流会变得较不稳定，更有可能关闭。但是现在还没有足够的把握预测未来是否有可能发生崩溃，气候的影响又是什么。现在的气候模式中没有一个预测热盐环流会在2100年前关闭。2100年之后，如果由人类活动产生的辐射强迫十分强，且作用的时间足够长，热盐环流有可能在任一半球完全或可能不可逆地关闭，那时将给地球的气候带来极大的影响。

大气环流经常表现出不同的优势流型或分布型，例如由ENSO和NAO/AO（北极振荡）可产生独特的环流型，这些环流型的位相可以快速变化。基本理论和模式研究都表明，气候变化首先表现在这些环流型发生频率的变化上。因而研究这些环流型的变化是研究气候突变的一部分。另外，通过人为的毁林或全球变暖引起的植被的变化可以迅速地发生，能够引起进一步的气候变化。有人认为，5 500年前撒哈拉沙漠的形成可能是这种陆地植被覆盖发生了一种非线性变化的结果。

气候模式的研究还指出，气候变化或气候变暖的影响是非常深远的，也是非常重大的。例如，如果格陵兰地区的局地变暖大于3℃，并且持续几千年的话，格陵兰的冰原将完全融化，可造成海平面上升7 m左右。如果局地变暖5.5℃，并持续1 000年，格陵兰冰原的融化将造成3 m左右的海平面上升，对于西南极冰原，在未来1 000年中也可引起最大到3 m左右的海平面上升。

第六章 结 语

全球气候变化问题目前已成为全世界共同关注的重大科学问题。虽然我们对气候变化的科学认识比 20 多年前有了很大的提高，但还有许多问题尚不清楚。我们面对的是一个复杂的高度非线性相互作用的地球气候系统。它涉及许多学科的相互交叉和渗透(王建等，2002)，像前面指出的，无论是气候变化的检测和归因，还是气候变化的预测都存在着许多不确定性。今后科学界的重要任务是缩小这些不确定性，不断地改进和提高人类对气候系统及其变化的认识。从科学上，我们将面临哪些重要的任务和挑战呢？主要表现在以下几个方面：

气候观测网的改进

气候变化的研究和预测需要建立在有大量的、长时间的、大范围的和多种变量的观测资料的基础上(王绍武等，2001)。目前全球的气候仪器观测只有 100 年左右的资料和信息，而海洋、陆地和生物圈以及温室气体的测量等方面变量的观测资料则更短，要增加变量和序列长度需要利用代用资料和各种有关的数理统计计算方法。一些发展中国家和地区的观测资料和信息更少,而海洋与沙漠、苔原、山地等地区由于人烟稀少,观测资料更为缺少。我国的气象观测资料自1949年以来才有全国范围的序列,20世纪50年代以前,观测站点很少,尤其在西部地区,因此所建立的近100年中国气候序列的可信度较低。更长的气候时间序列,则一般用代用资料如史料和树木年轮、黄土、冰芯等替代。今后的主要任务是建立综合的全球气候观测系统(GCOS),加强全球大气、海洋、海冰和陆表面的观测,建立全球资料交换系统,改善气候资料的国际交换与共享。

改进排放情景,研究和提出适合发展中国家的排放情景

如何估计未来人类活动的状态和情景是气候变化领域多年来的一个研究重点。从1990年到2000年IPCC三次提出的排放方案看,不同排放情景下达到CO_2加倍的时间相差极大。并且最后造成大气CO_2浓度的稳定水平也很不相同。发展中国家由于社会经济发展的情景不同,所采取的排放情景应有所差别。因而在这方面有必要考虑发展中国家的特殊要求。

改进气候预测方法(数理统计方法和动力气候模式)

改善和提高现有模式的性能,解决包括初始化与通量问题、气候漂移问题、时间与空间尺度分辨率的提高问题、集合与集成问题、各种次空间尺度如云的形成与变化和辐射,以及热盐环流、海冰与积雪、陆面-植被过程等的描述和计算问题等,特别是要改善对气候变化脆弱地区的变异的认识。在发展全球气候系统模式中,更好地认识与气候变化有关的物理化学过程,特别是与云、海洋、碳循环相联系的过程,了解地球生物化学与自然气候系统之间的有关特征。努力改进区域预测能力,包括研究更准确地预测不同区域地区降水、蒸发/蒸散和土壤湿度的预测方法,以及区域模式的

可靠性。应强调气候与水的问题，这也包括某些地区旱涝趋势问题（秦大河等，2002）。

改进对气候变化过程的了解

全球气候系统由大气圈（包括地球外部的全部大气）、水圈（包括全球海洋和陆地上的河湖等）、岩石圈、冰冻圈（包括积雪、陆冰和海冰等）和生物圈（包括生物和人类等）组成。全球气候系统内部和外部的大量因子影响着全球气候变化，因此，全球和局地气候预测极其困难和复杂。改进对因自然和人类活动而引起的气候变化过程的了解，需要提高对全球气候系统的认识，即需要认识在全球气候系统中涉及到的全球气候变化与气候变化的机理、全球气候系统中主要成员之间的相互作用和反馈的过程、在这样一种混沌系统中的可预报性，以及气候变化的检测和因果分析方法。例如，全球气候系统中的微量气体和气溶胶等的循环过程、机理以及对社会经济的影响和对策，特别是碳循环；全球与区域气候系统过去和现在的变化事实以及对未来的预测和估测；气候变化、极端气候、异常气候、气候突变等的形成机理以及对社会经济的影响与对策；全球气候系统中各圈层的相互作用机理和影响等等。此外，还需要研究长期气候变化背景与古气候，更详尽地认识过去已经发生的气候变化，包括大气温室气体浓度与温度变化的关系。

加强气候敏感性问题的研究

气候科学中最重要的参数之一是气候敏感性。气候敏感性是指在给定全球平均辐射强迫条件下，通常取大气中的 CO_2 浓度达到 2 倍时的辐射强迫所产生的全球平均温度变化。目前对气候模式的挑战是如何更好地定义这个关键参数，并以此了解不同模式计算值之间的差别。

在 IPCC 第三次评估报告中，这种敏感性范围依然很大，如美国的 NCAR 模式，其气候敏感性约 1.8℃，而 GFDL 的气候模式则达 4℃。对于世界上其他模式之间的差异也大致如此。近十年来，在 IPCC 的 3 次评估报告期间进行的十几次相关活动也未能解决敏感性范围较大的问题。这个问题的存在使未来气体变化预测的不确定范围很大。1990 年 IPCC 发表的第一次评估报告中的预测值是到 21 世纪末温度将升高 3℃左右（比工业化前高 4℃）。1995 年第二次评估报告中的值是 1～3.5℃，平均为 2℃。到 2001 年第三次评估报告，预测值的范围达到 1.4～5.8℃，平均值为 2.5℃。近年来在模式发展和模拟（包括云分辨率模式）以及模式比较方面已取得了明显进展，预期对这个问题会有所改进，从而可减少在某一排放情景下预测温度增加的误差范围。在改进的模式中也应包括考虑各类辐射强迫（CH_4、CO_2、气溶胶、平流层 O_3）与其对气候响应之间的关系。即使在第四次评估报告中仍不能减少敏感性范围，至少也应能够了解产生如此大变幅的原因。一般认为，这种差异主要是由于用于预测的各模式之间云模式设计方面的差异，从而造成云反馈过程的差异。但至今尚未进行过系统的比较，未能证明目前一代的气候模式的差异主要就是由于对云反馈机制处理上的差异造成的。在美国已经开始进行这项研究。英国、法国和澳大利亚也正在进行类似的对气候模式的强化检验。有资料表明，其他模式研究组也正试图利用有关的资料如云的卫星观测，对皮纳图博火山爆发产生的瞬变强迫的响应观测资料等来检验和改进模式的参数化问题。用古气候资料分析气候敏感性以及气候对不同类型强迫（如 CO_2、气溶胶、太阳辐射）的响应问题也是一条有用的途径，这为模式敏感性的深入研究提供了一个重要条件。

全面了解气候系统、生态系统和社会-经济部门变化的时间尺度与惯性问题

惯性是相互作用的气候、生态和社会-经济系统内部固有的一种特征，由于惯性的作用，由人类活动引起的气候变化并不是在短时期内都会显现出来，有些影响过程进行得很缓慢。只有在过了相

当长时间之后才会变得明显(IPCC,2001)。如果气候变化在达到相关的阈值之前,其速率和量值没有限制,则某些变化可能是不可逆的。图6.1说明了气候系统的惯性。该图表明,即使CO_2排放稳定在目前的水平,大气CO_2含量也不可能稳定下来,还要继续增加一段相当长的时间。但短生命期的温室气体如CH_4如果稳定在目前的排放值,则在几十年内可使其大气含量稳定下来。要使CO_2含量稳定在任一水平上都需要最终把全球CO_2净排放减少到目前排放水平的一小部分。所选的稳定水平越低,全球CO_2净排放的减少行动就需要更早地开始。大气CO_2和其他温室气体的大气含量一旦稳定之后,地面气温被预测将继续以每世纪十分之几度的速率增加,海平面高度也将继续上升许多世纪。由于向海洋的热输送十分缓慢以及冰原的响应也很缓慢,需要很长的时期才能使

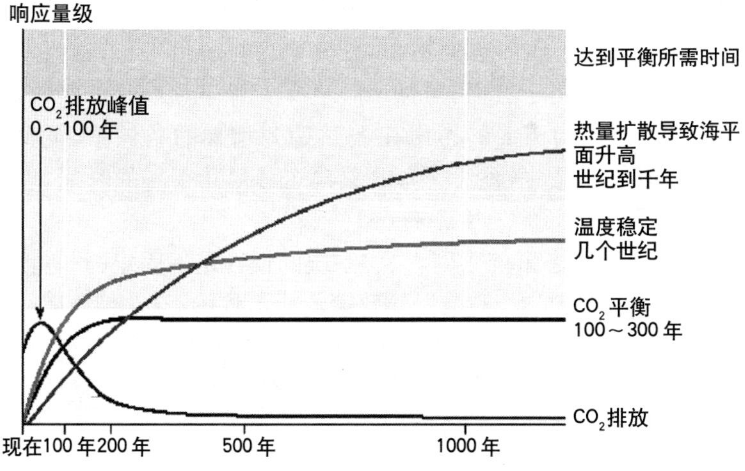

图6.1　气候系统的惯性

在CO_2排放减少和大气CO_2浓度稳定之后,地面气温将会继续上升100年以上,海平面上升将持续更长的时间

(取自Houghton,2001;IPCC,2001)

气候系统达到新的平衡态。应该指出,气候系统的某些变化,可能超过 21 世纪,它们将是不可逆的。例如冰原的大量融化和海洋环流型的基本变化在人类许多代的时期内可能不是可逆的。如果增暖是快速而不是渐进的,则海洋环流基本变化的阈值可以在增暖不是太高的情况下达到。

对于生态系统的惯性主要表现为某些生态系统会很快地显示出气候变化的作用(McCarthy 等,2001),而另一些则较为缓慢。例如珊瑚漂白现象(死亡)能够发生在一个特别暖的季节中,而长生命有机物(如树)在变化的气候之下,有的可以生存几十年。一些碳循环模式预测了全球陆地碳的净吸收量。结果表明,它在 21 世纪达到峰值,以后变平或减少。现在由陆地生态系统对全球 CO_2 的净吸收,部分是由于增强的植物生长、植物死亡和腐朽之间的时间后延造成的。增加的 CO_2 和氮沉降产生的施肥效应,以及气候和土地利用制度的变化,使目前的植物生长得到增强,但以后森林要长大成熟,施肥效应也要饱和,分解作用将赶上生长,这时 CO_2 的吸收将下降。另一方面,虽然增暖也减少海洋对 CO_2 的吸收,但据预测,海洋作为碳汇的作用在大气 CO_2 增加的条件下,至少要持续到 21 世纪,从海面到深海的碳输送将用几百年的时间,以后与海底沉积物之间的平衡还需几千年。

与气候和生态系统不同,人类系统的惯性是不固定的,它依赖于政策和个人的选择。实施气候政策的能力依赖于社会-经济结构和价值、机构、技术和已有的基础建设之间的相互作用。

气候系统、生态系统和社会-经济系统惯性的存在,使得人类对其变化的适应过程是不可避免的,在某些情况下已是必不可少的。也正是因为有惯性特征的存在,才为我们采取各种适应对策并能够有时间进一步采取减缓措施和对策,最大程度地减少气候、生态、社会-经济系统的变化所带来的不利或破坏性影响提供了机遇。

主要参考文献和资料

朝仓正. 1991. 气候异常与环境破坏. 北京：气象出版社

丁一汇，孙颖. 2002. 东亚夏季风的季节进退与水汽输送. 天气与气候，1(1)：18～33

丁一汇，张锦，宋亚芳. 2002. 天气和气候极端事件的变化及其与全球变暖的联系. 气象，**28**(3)：3～7

高歌等. 2002. 近50年中国降水的变化(待发表)

国家计划委员会. 2000. 气候变化对生态环境和人类健康的影响和适应对策

国家气候中心. 1998. 中国大洪水与气候异常. 北京：气象出版社

Houghton J. 1997. 全球变暖. 戴晓苏，石广玉，董敏等译. 丁一汇，赵宗慈校. 北京：气象出版社. 306页

秦大河等. 2002. 西部环境评估报告(四卷本). 北京：科学出版社

孙冷，丁一汇. 2002. 气候变化对自然生态系统和社会-经济的影响. 中国国家气候委员会大会文集. 2002年9月，北京

王建等. 2002. 现代自然地理学. 北京：高等教育出版社. 441页

王绍武等. 2001. 现代气候学研究进展. 北京：气象出版社. 458页

王绍武，丁一汇. 2003. 气象大百科全书——气候学. 北京：气象出版社(即将出版)

翟盘茂. 2002. 中国极端天气气候事件的研究(待发表)

张锦，宋亚芳，胡国权. 2001. 全球CO_2排放的统计资料

中国气象局. 2003. 气候变化的科学、影响与对策(非正式出版物)

Bengtsson L, Roeckner E, Stendel M. 1999. Why a global warming proceeding much slower than expected? *J. Geophys. Res.*, **104**: 3865－3876

Berdowski J, Guicherit R, Heij B. 2001. *The Climate System*. Balkema Pulishers, 178pp

Houghton J. 2001. *The Physics of Atmospheres*. Cambridge University

Press. 320pp

IPCC. 1990. Climate Change. The IPCC Scientific Assessment. Houghton J T, Jenkins G, Ephraums J J eds. Cambridge, UK: Cambridge University Press

IPCC. 1992. Climate Change 1992: The Supplementary Report to the IPCC ScientificAssessment. Houghton J T, Callander B A, Varney S K eds. Cambridge, UK: Cambridge University Press

IPCC. 1996. Climate Change 1995: The Science of Climate Change. Contribution of Working Group I to the Second Assessment Report of the International Panel on Climate Change. Houghton J T, Meira Filho L G, Callander B A, Harries N, Kattenberg A, Maskell K eds. Cambridge, UK: Cambridge University Press

IPCC. 2001. Climate Change 2001: The Scientific Basis. Contribution of Working Group I to the Third Assessment Report of the International Panel on Climate Change. Houghton J T, Ding Y, Griggs D J, Noguer M, van der Linden P J, Dai X, Maskell K, Johnson C A eds. Cambridge, UK: Cambridge University Press

McCarthy J J,Canziani O F, Leary N A, Dokken D J, White K S. 2001. Climate Change 2001:*Impacts,Adaptation and Vulnerability*. Cambridge University Press

National Research Council. 1998. *Decade-to-Century Scale Climate variability and Change - A science strategy*. Washington D. C. 142pp

Zhai Panmao, Sun Anjian, Ren Fumin, Zhang Qiang, and Liu Xianin. 1999. Changes of climate extremes in China (Personal communication)

致　谢

本书在编写中，曾参考国内外多种文献和资料，这里不全部列入。另外，在编写前后，也得到不少同志的帮助，尤其是王邦中、周曙光、吕学都、孙冷、罗勇、任国玉、戴晓苏、孙颖等同志。

气候系统

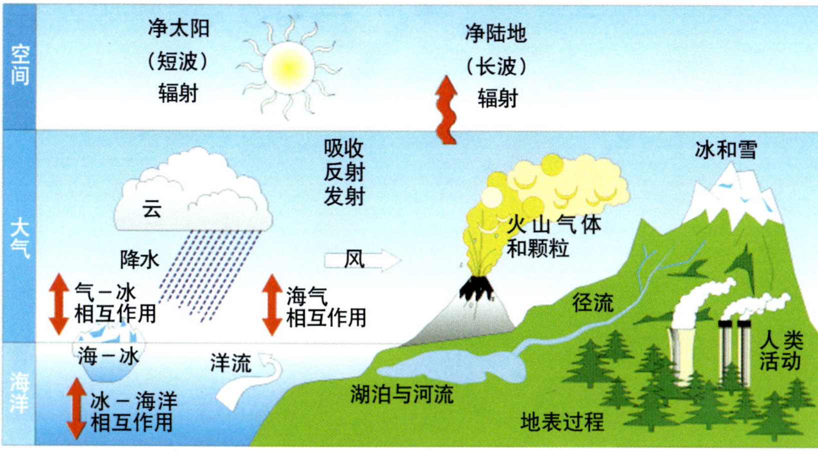

图 1.2　气候系统及其各圈层的相互作用
（取自 IPCC,2001）

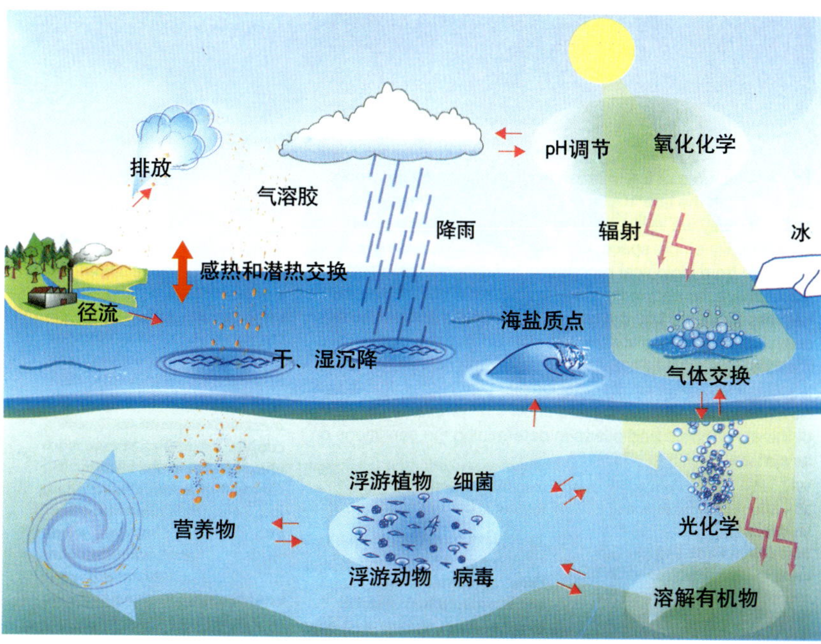

图 1.7　海表和低层大气相互作用图
（取自 SOLAS 计划,2002）

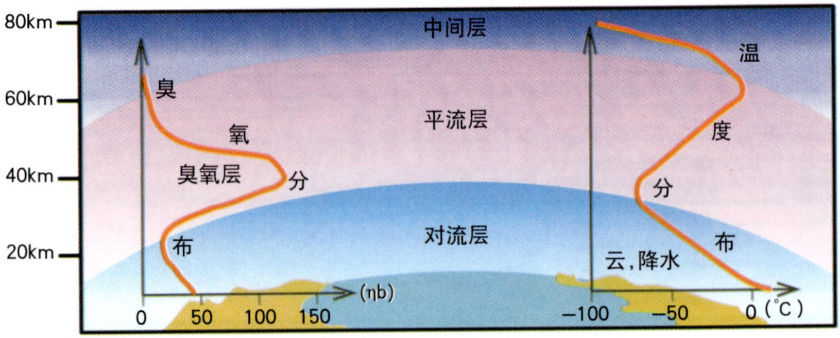

图 1.3　气候系统中大气层的垂直结构

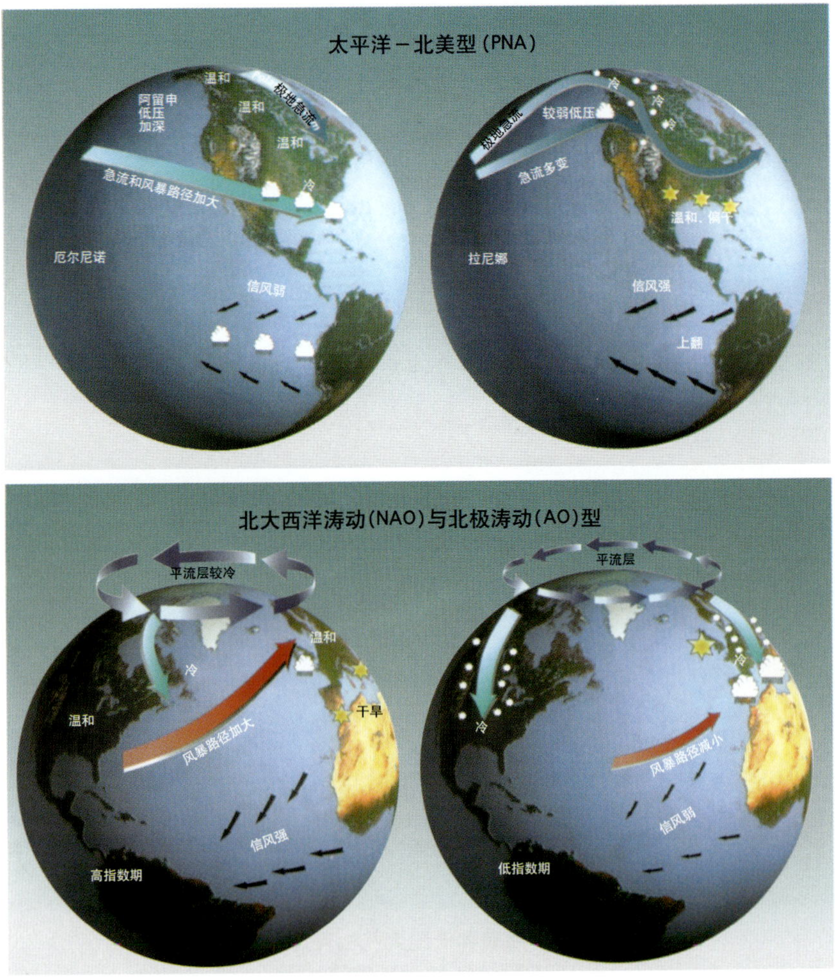

图 1.6　太平洋北美型(PNA)和大西洋涛动型(NAO)

(取自 CLIVAR 计划)

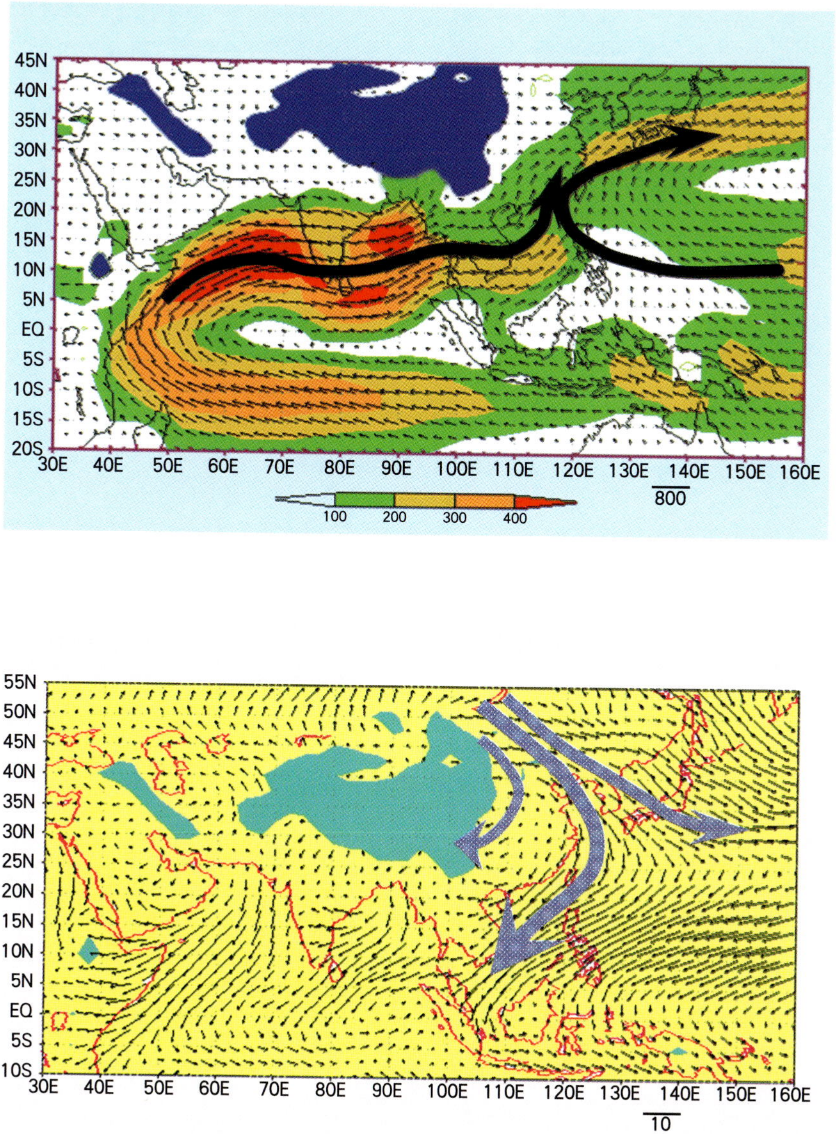

图 3.2　亚洲夏季风（上）和冬季风（下）时期的平均低层气流图

（国家气候中心孙颖提供，2002）

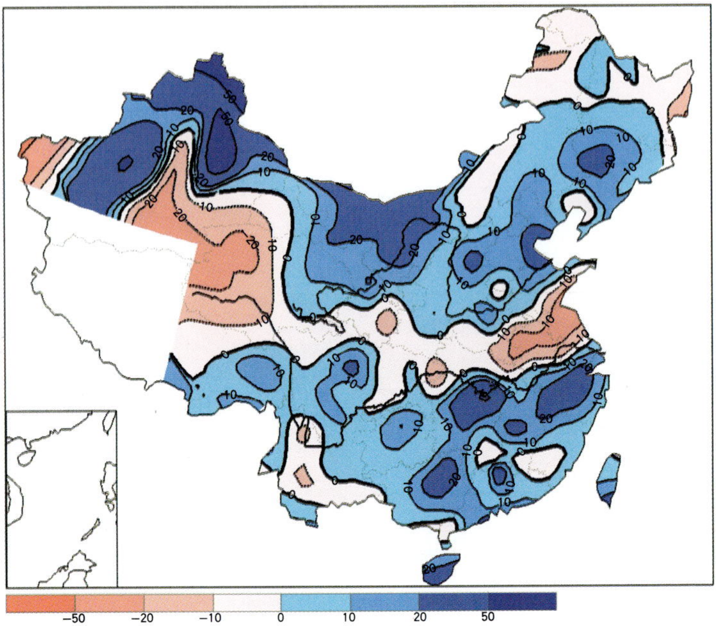

图 3.13　1950 年以来出现的厄尔尼诺事件次年降水距平百分率综合分布图

（取自国家气候中心，1998）

图 3.14　青藏高原冬季积雪日数与中国夏季降水的相关（×100）

（取自国家气候中心，1998）

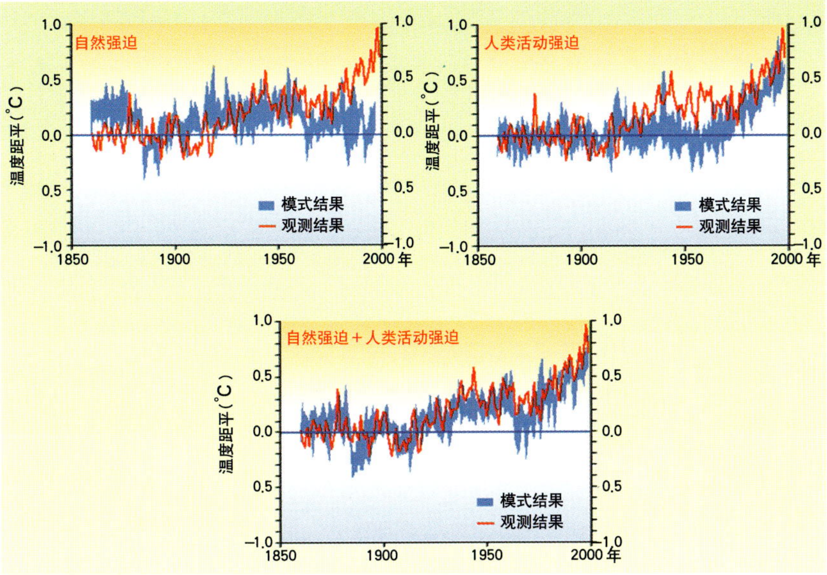

图 4.4　近百年气候变化的模拟

（取自 Houghton，1997；IPCC，2001）

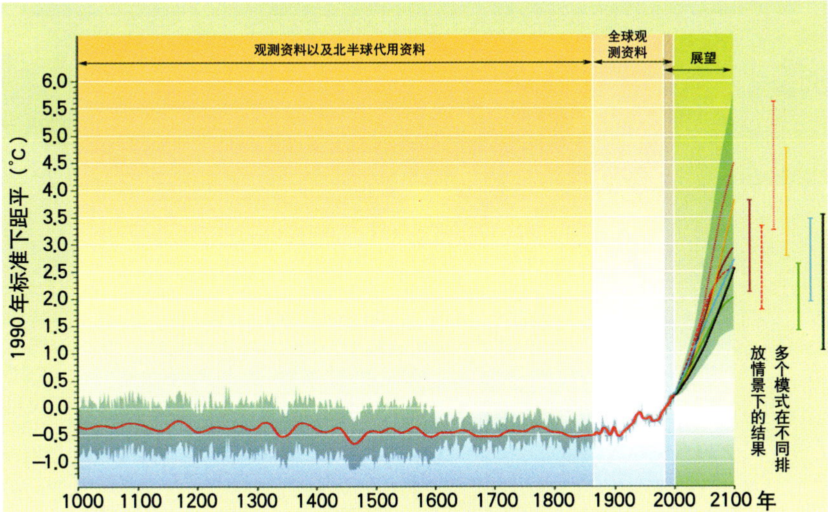

图 5.1　2000～2100 年地表温度的变化

（取自 IPCC，2001）

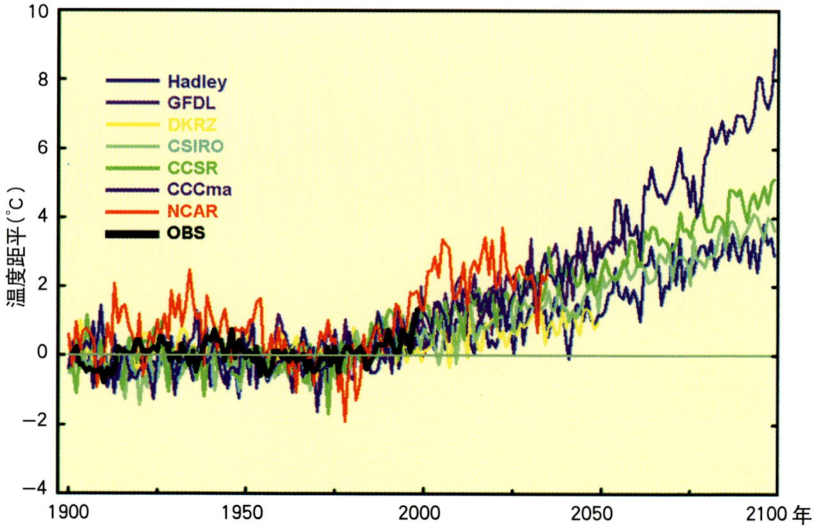

图 5.2　考虑 CO_2 气溶胶共同作用，7 个模式预测的我国未来 100 年温度变化

（取自中国气象局，2003）

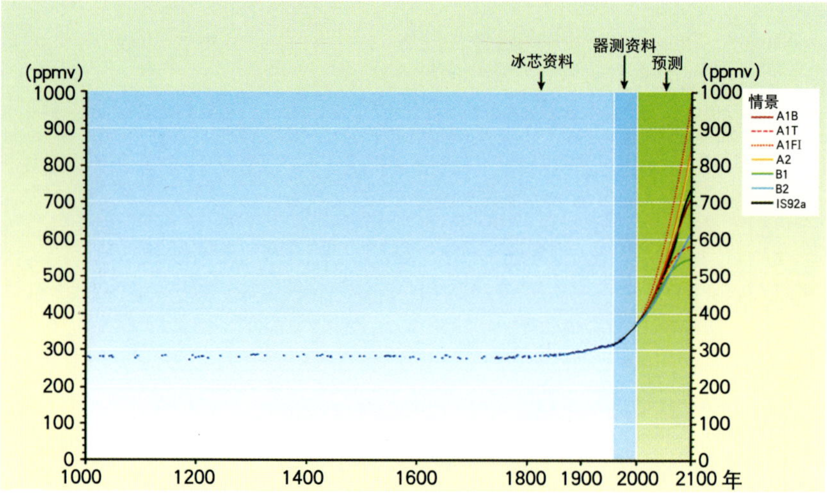

图 5.4　过去和未来大气 CO_2 浓度的变化

（取自 IPCC，2001）

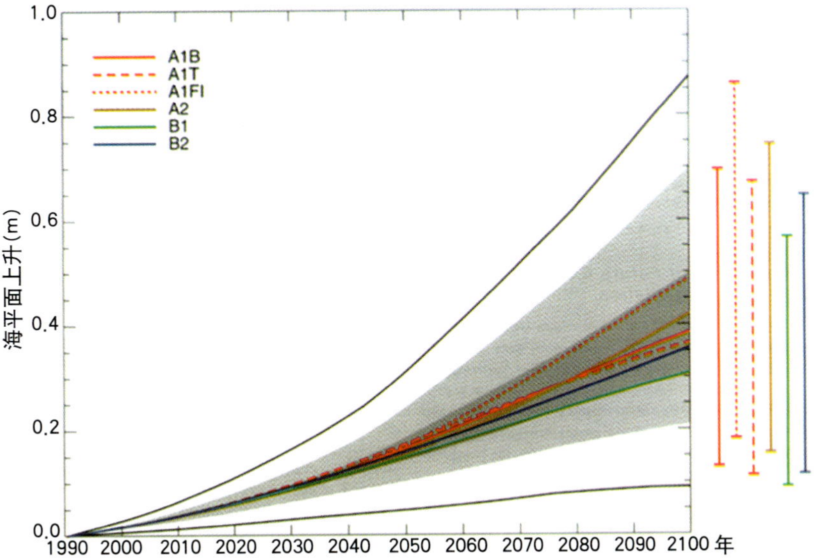

图 5.8 SRES 方案预测的未来 100 年海平面的变化情景

(取自 IPCC,2001)

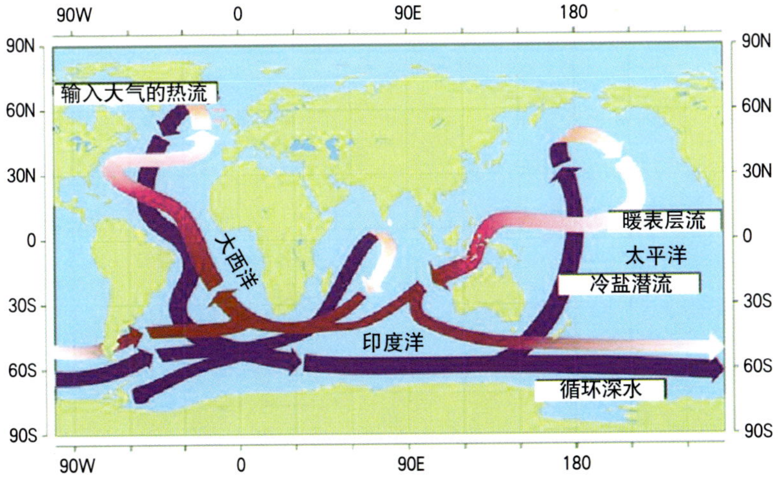

图 5.11 海洋环流(热盐环流)的全球分布

(取自 Houghton,1997)

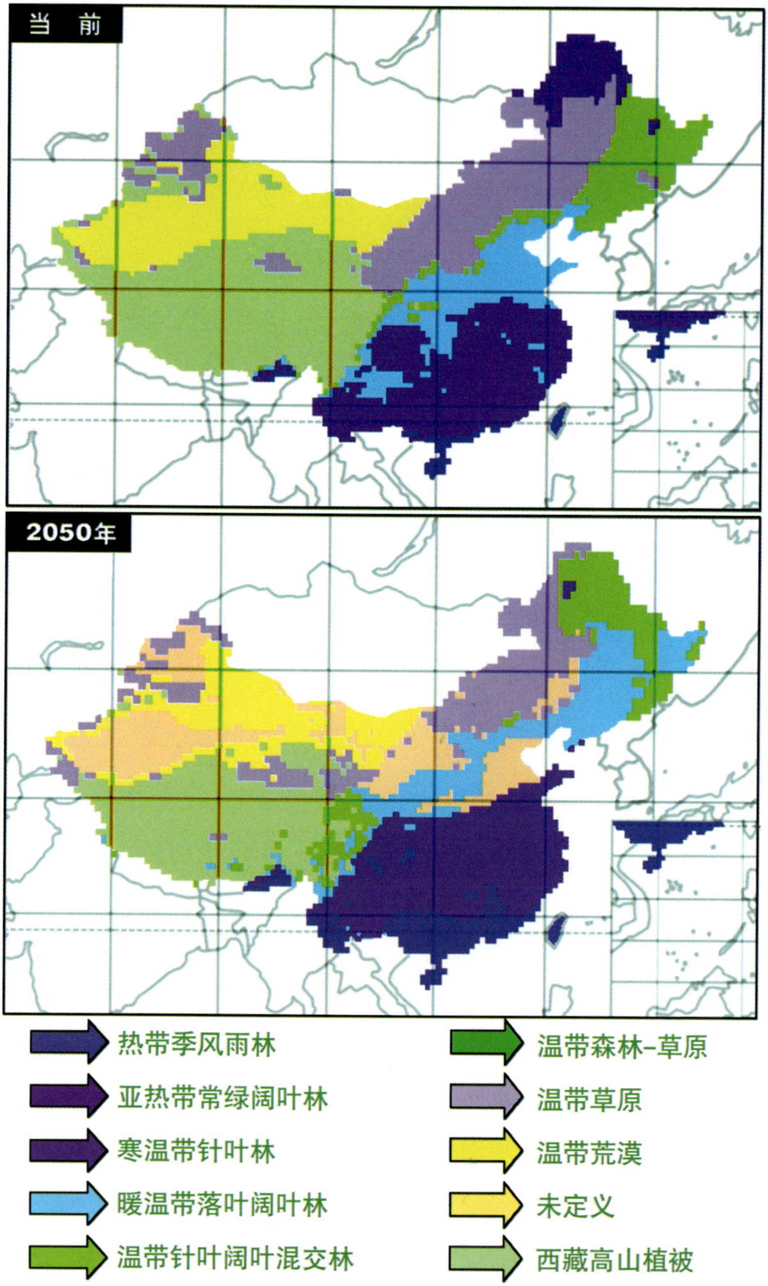

图5.9　未来主要植被类型分布可能发生的变化
(取自中国气象局,2003)